编委会

高等学校"十四五"规划酒店管理
与数字化运营专业新形态系列教材

总主编

周春林　全国旅游职业教育教学指导委员会副主任委员，教授

编委（排名不分先后）

臧其林　苏州旅游与财经高等职业技术学校党委书记、校长，教授
叶凌波　南京旅游职业学院校长
姜玉鹏　青岛酒店管理职业技术学院校长
李　丽　广东工程职业技术学院党委副书记、校长，教授
陈增红　山东旅游职业学院副校长，教授
符继红　云南旅游职业学院副校长，教授
屠瑞旭　南宁职业技术学院健康与旅游学院党委书记、院长，副教授
马　磊　河北旅游职业学院酒店管理学院院长，副教授
王培来　上海旅游高等专科学校酒店与烹饪学院院长，教授
王姣蓉　武汉商贸职业学院现代管理技术学院院长，教授
卢静怡　浙江旅游职业学院酒店管理学院院长，教授
刘翠萍　黑龙江旅游职业技术学院酒店管理学院院长，副教授
苏　炜　南京旅游职业学院酒店管理学院院长，副教授
唐凡茗　桂林旅游学院酒店管理学院院长，教授
石　强　深圳职业技术学院管理学院院长，教授
李　智　四川旅游学院希尔顿酒店管理学院副院长，教授
匡家庆　南京旅游职业学院酒店管理学院教授
伍剑琴　广东轻工职业技术学院酒店管理学院教授
刘晓杰　广州番禺职业技术学院旅游商务学院教授
张建庆　宁波城市职业技术学院旅游学院教授
黄　昕　广东海洋大学数字旅游研究中心副主任/问途信息技术有限公司创始人
汪京强　华侨大学旅游实验中心主任，博士，正高级实验师
王光健　青岛酒店管理职业技术学院酒店管理学院副院长，副教授
方　堃　南宁职业技术学院健康与旅游学院酒店管理与数字化运营专业带头人，副教授
邢宁宁　漳州职业技术学院酒店管理与数字化运营专业主任，专业带头人
曹小芹　南京旅游职业学院旅游外语学院旅游英语教研室主任，副教授
钟毓华　武汉职业技术学院旅游与航空服务学院副教授
郭红芳　湖南外贸职业学院旅游学院副教授
彭维捷　长沙商贸旅游职业技术学院湘旅学院副教授
邓逸伦　湖南师范大学旅游学院教师
沈蓓芬　宁波城市职业技术学院旅游学院教师
支海成　南京御冠酒店总经理，副教授
杨艳勇　北京贵都大酒店总经理
赵莉敏　北京和泰智研管理咨询有限公司总经理
刘懿纬　长沙菲尔德信息科技有限公司总经理

高等学校"十四五"规划酒店管理
与数字化运营专业新形态系列教材

总主编 ◎ 周春林

调酒与酒吧管理

主　编	匡家庆	方　堃	
副主编	曹仪玲	赵　辉	周程明
参　编	郭建飞	曾祺尧	谢　强
	王翠平		

MIXOLOGY
AND BAR
MANAGEMENT

华中科技大学出版社
http://press.hust.edu.cn
中国·武汉

内 容 提 要

本教材基于高星级酒店与高端酒吧的工作任务,"以酒水知识为基础、以工作过程为导向、以项目任务为载体"重构教材体系,形成十二个课程模块,包括走进酒世界、识别酒用具、融合调酒术、酿出新精彩、蒸出新美味、配出新心情、创造新未来、构筑新天地、服务新境界、保障勤补给、营销新花样、经营新格局等,体现理论与实践一体化的教学理念。

本教材对调酒与酒吧管理相关知识进行深入浅出的介绍,体现职业教育贴近职业、服务就业的特点。本教材适用于高职高专酒店管理与数字化运营专业、旅游管理专业、休闲服务与管理专业或本科职业教育酒店管理专业的教学,也可作为各类星级酒店、高档酒吧一线服务人员、调酒师和酒吧管理人员的学习参考用书。

图书在版编目(CIP)数据

调酒与酒吧管理/匡家庆,方堃主编.—武汉:华中科技大学出版社,2022.6(2024.8重印)
ISBN 978-7-5680-8183-2

Ⅰ. ①调… Ⅱ. ①匡… ②方… Ⅲ. ①酒-调制技术-教材 ②酒吧-商业服务-教材
Ⅳ. ①TS972.19 ②F719.3

中国版本图书馆 CIP 数据核字(2022)第 090657 号

调酒与酒吧管理 匡家庆 方 堃 主编
Tiaojiu yu Jiuba Guanli

策划编辑:李家乐 王 乾
责任编辑:刘 烨
封面设计:原色设计
责任校对:曾 婷
责任监印:周治超
出版发行:华中科技大学出版社(中国·武汉) 电话:(027)81321913
         武汉市东湖新技术开发区华工科技园 邮编:430223
录 排:华中科技大学惠友文印中心
印 刷:武汉市籍缘印刷厂
开 本:787mm×1092mm 1/16
印 张:15
字 数:353 千字
版 次:2024 年 8 月第 1 版第 3 次印刷
定 价:49.80 元

总序
ZONGXU

2021年，习近平总书记对全国职业教育工作作出重要指示，强调要加快构建现代职业教育体系，培养更多高素质技术技能人才、能工巧匠、大国工匠。同年，教育部对职业教育专业目录进行全面修订，并启动《职业教育专业目录（2021年）》专业简介和专业教学标准的研制工作。

新版专业目录中，高职"酒店管理"专业更名为"酒店管理与数字化运营"专业，更名意味着重大转型。我们必须围绕"数字化运营"的新要求，贯彻党中央、国务院关于加强和改进新形势下大中小学教材建设的意见，落实教育部《职业院校教材管理办法》，联合校社、校企、校校多方力量，依据行业需求和科技发展趋势，根据专业简介和教学标准，梳理酒店管理与数字化运营专业课程，更新课程内容和学习任务，加快立体化、新形态教材开发，服务于数字化、技能型社会建设。

教材体现国家意志和核心价值观，是解决"为谁培养人、培养什么样的人、如何培养人"这一根本问题的重要载体，是教学的基本依据，是培养高质量优秀人才的基本保证。伴随我国高等旅游职业教育的蓬勃发展，教材建设取得了明显成果，教材种类大幅增加，教材质量不断提高，对促进高等旅游职业教育发展起到了积极作用。在2021年首届全国教材建设奖评审中，有400种职业教育与继续教育类教材获奖。其中，旅游大类获一等奖优秀教材3种、二等奖优秀教材11种，高职酒店类获奖教材有3种。当前，酒店职业教育教材同质化、散沙化和内容老化、低水平重复建设现象依然存在，难以适应现代技术、行业发展和教学改革的要求。

在信息化、数字化、智能化迭加的新时代，新形态高职酒店类教材的编写既是一项研究课题，也是一项迫切的现实任务。应根据酒店管理与数字化运营专业人才培养目标准确进行教材定位，按照应用导向、能力导向要求，优化设计教材内容结构，将工学结合、产教融合、科教融合和课程思政等理念融入教材，带入课堂。应面向多元化生源，研究酒店数字化运营的职业特点及人才培养的业务规格，突破传统教材框架，探索高职学生易于接受的学习模式和内容体系，编写体现新时代高职特色的专业教材。

我们清楚，行业中多数酒店数字化运营的应用范围仅限于前台和营销渠道，部分酒店应用了订单管理系统，但大量散落在各个部门的有关顾客和内部营运的信息数据没有得到有效分析，数字化应用呈现碎片化。高校中懂专业的数字化教师队伍和酒店里懂营运的高级技术人才是行业在数字化管理进程中的最大缺位，是推动酒店职业教育数字化转型面临的最大困难,这方面人才的培养是我们努力的方向。

　　高职酒店管理与数字化运营专业教材的编写是一项系统工程,涉及"三教"改革的多个层面,需要多领域高水平协同研发。华中科技大学出版社与南京旅游职业学院、广州问途信息技术有限公司合作,在全国范围内精心组织编审、编写团队,线下召开酒店管理与数字化运营专业新形态系列教材编写研讨会,线上反复商讨每部教材的框架体例和项目内容,充分听取主编、参编老师和业界专家的意见,在此特向这些参与研讨、提供资料、推荐主编和承担编写任务的各位同仁表示衷心的感谢。

　　该系列教材力求体现现代酒店职业教育特点和"三教"改革的成果,突出酒店职业特色与数字化运营特点,遵循技术技能人才成长规律,坚持知识传授与技术技能培养并重,强化学生职业素养养成和专业技术积累,将专业精神、职业精神和工匠精神融入教材内容。

　　期待这套凝聚全国高职旅游院校多位优秀教师和行业精英智慧的教材,能够在培养我国酒店高素质、复合型技术技能人才方面发挥应有的作用,能够为高职酒店管理与数字化运营专业新形态系列教材协同建设和推广应用探出新路子。

全国旅游职业教育教学指导委员会副主任委员

南京旅游职业学院党委书记、教授　周春林

2022 年 3 月 28 日

前言
QIANYAN

随着我国社会经济飞速发展,中国特色社会主义进入新时代。社会餐饮行业与娱乐消费业态不断发展壮大,酒吧作为其重要组成部分,所传递的异国情调、休闲格调受到越来越多人的喜爱。随着酒店行业的快速发展和消费市场需求的日益增加,符合岗位要求的专业调酒师日益紧俏。酒吧行业在快速发展的同时也面临人才短缺,为了解决这一问题,我们编写了《调酒与酒吧管理》一书。

本教材特点鲜明、体系完整。依据酒吧的工作任务、工作过程的行动体系,突出结构化、模块化、灵活性等诸多符合教学和自主学习的特征,构建了"以工作过程为导向、以项目任务为载体"的课程知识结构。本教材更注重应用性和实践性,服务职业教育专业升级和体现数字化改造,便于学生对知识进行理解和应用。

一、重视课程思政建设

全面落实课程思政要求,弘扬劳动光荣、技能宝贵的时代风尚,以及爱岗敬业、精益求精的职业精神,引导学生树立良好的职业道德。

二、突出针对性和适用性

密切结合当前社会餐饮行业的发展需求,满足技术技能人才需求变化,依据职业教育国家教学标准体系,对接职业标准和岗位能力要求,充分体现"岗课赛证"融合的职教理念。

三、注重先进性和功能性

充分吸收发达地区高星级酒店酒吧和餐饮企业先进的实践管理经验和最新的服务标准,满足项目学习、案例学习、模块化学习等不同学习方式要求,有效激发学生学习兴趣,突出培养学生的创新创业能力与项目管理能力。

四、讲求实效性和灵活性

本教材在编写过程中遵循学生的认知规律,内容安排上深入浅出、梯度明晰,图文并茂、形式新颖,理论知识以够用为度,配套资源丰富,呈现形式灵活。

本教材由南京旅游职业学院匡家庆和南宁职业技术学院方堃担任主编,安徽工业经济职业技术学院曹仪玲、杨凌职业技术学院赵辉、广东科学技术职业学院周程明任副主编。编写分工如下:内蒙古商贸职业学院郭建飞负责项目一、项目八,安徽工业经济职业技术学院曹仪玲负责项目二、项目十,南宁职业技术学院方堃负责项目三,南京旅游职业学院曾祺尧负责项目四,杨凌职业技术学院赵辉负责项目五,长治学院王翠平负责项目六,南京旅游职业学院匡家庆负责项目七、项目十二,重庆旅游职业学院谢强负责项目九,广东科学技术职业学院周程明负责项目十一;匡家庆和方堃负责本教材统稿与校对。本教材在编写过程中,参阅了国际职业调酒师协会官方网站以及大量的国内外文献和著作,并得到了华中科技大学出版社、合肥香格里拉大酒店、合肥辰茂和平酒店和南宁龙光那莲豪华精选酒店等企业的大力支持与协助,在此一并表示感谢。

由于编者水平有限,书中难免存在不妥或疏漏之处,恳请同行和广大读者给予批评指正。

编　者

2022 年 3 月

目录
MULU

二维码资源目录

项目一
走进酒世界——酒与鸡尾酒概述

 项目描述

　　本项目重点介绍酒的概念、酒的起源与发展、酒精与酒精度、鸡尾酒的概念和基本结构,对酒和鸡尾酒的种类按照不同划分标准进行全面介绍。通过让学生熟悉酒的相关知识,激发学生学习鸡尾酒调制的兴趣。

项目目标

知识目标
1.熟悉酒的概念和酒的种类。
2.掌握鸡尾酒的概念、结构及种类。
3.熟悉酒精度相关知识。

能力目标
1.正确区分常见酒水种类和特点。
2.准确计算鸡尾酒的酒精度。

思政目标
1.拥有热爱生活、追求高品质生活的信念。
2.建立职业与岗位认同感,树立良好服务意识。

 **知识导图**

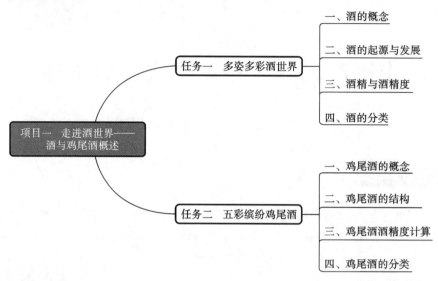

项目一 走进酒世界——
酒与鸡尾酒概述

任务一 多姿多彩酒世界
- 一、酒的概念
- 二、酒的起源与发展
- 三、酒精与酒精度
- 四、酒的分类

任务二 五彩缤纷鸡尾酒
- 一、鸡尾酒的概念
- 二、鸡尾酒的结构
- 三、鸡尾酒酒精度计算
- 四、鸡尾酒的分类

 学习重点

1. 酒的种类及特点。
2. 酒精度的含义及表示方法。
3. 鸡尾酒的概念、结构及分类。

 学习难点

1. 鸡尾酒的酒精度计算。
2. 酒和鸡尾酒的种类划分。

 项目导入

中国是酒的故乡,何满子先生说:"几乎从人类洪荒时代起,酒就在大地上出现了。酒的历史几乎是和人类文化史一道开始的。"酒文化从人类发现并饮用它的时候起,就已经存在并影响着我们生活的方方面面。酒有着多层次的受众群体,在酒乐之中,人们的情感得以宣泄,审美需要得以满足。酒是沟通人际关系的桥梁,酒宴酒席成了重要的交际场所,直至今日仍是如此。

★剖析:酒的诞生为平淡的生活增添了丰富的色彩,无酒不欢,无酒不成宴席。人类自从发明了这种神奇的浆液就一直为之着迷。

任务一　多姿多彩酒世界

一、酒的概念

酒，自古以来就以独特的醇香而成为人们日常生活中不可缺少的一部分。全世界各个民族几乎都有饮酒的习惯，但酒不同于普通的饮料，特殊且不能用于解渴，因为它含有令人兴奋、给人带来刺激的酒精成分。中国是世界酒文化的发源地之一，5000年悠久的文明饱浸着酒的醇香和真谛。中西方酒文化是互通的，在西方，酒始终被认为是神圣的化身。酿酒作为一种复杂的工艺，其产生过程还有待人类继续研究探索。作为一种深刻的社会现象，酒在各个国家、地区、种族、民族都有着各不相同的文化内涵和象征。

酒是含有酒精（乙醇）的有机化合物质，是一种以谷物、水果、花瓣、种子或其他含有丰富糖分、淀粉的植物经糖化、发酵、蒸馏、陈酿等生产工艺而形成的含有食用酒精的饮品。

二、酒的起源与发展

（一）酒的起源

人类什么时候开始酿造酒，这个话题至今众说纷纭。世界公认的几个文明发源地，如巴比伦、古埃及、古罗马、中国等都有关于酒的文献资料（见表1-1）。酒在人类文明发展历程中扮演着重要的角色，不但是宴席必备，而且是人类的精神食粮，因此，酒与文化间充满了密切关系。

表 1-1　酒的起源（列举）

国家	起源	具体内容
中国	杜康造酒	《事物纪原》有相关文字记载
	仪狄造酒	《战国策·魏策》中记载"昔者，帝女令仪狄作酒而美"
	黄帝时代	《黄帝内经·素问》中记载"以酒为浆"
埃及	考古发现	五千年以前就已开始种植葡萄，开始用葡萄酿造酒，供奉神明
	拉美西斯三世（Ramesses Ⅲ）	埃及史前古墓葬中挖掘到的瓶塞上有清晰的拉美西斯三世时酒坊的印记
	Phtah-Hotep古墓	古埃及的人们采摘和酿造葡萄的场景

随着社会生产力的不断提升，人类酿酒的工艺也在不断革新。人类社会进入新石器时代，农业文明出现，农业生产进一步发展，剩余的粮食开始积累，世界各地相继出现

的农作物产品也为酒水酿造奠定了物质基础,谷物原料酒和果物原料酒大量出现。伴随着制陶业的发展,对于酒水盛装和储存提供了极大的便利。此时酿酒技术也有所提高,为大规模酿酒奠定了基础。经过长期的摸索和实践,人类终于掌握了比较完善的酿酒技术,酿造出了神奇无比的琼浆玉液。

(二)酒的发展

当人类社会由原始的食物采集时期过渡到农耕时代之后,劳动技术的进步、粮食作物的剩余、人口种族的定居等因素促成了酿酒时代的到来,人类开始有意识地进行酿酒活动,并在反复实践中总结经验,不断完善酿酒技术。例如,单式发酵酿酒法最早出现在古埃及和两河流域,中国古代先民的伟大发明则是复式发酵酿酒法。

随着人类文明的延伸、社会经济的发展,每个时代科学技术的进步都为酿酒工艺的改良和深化提供了新的契机,酿酒技术的普及、饮酒文化的盛行、社会分工的细化,最终使酿酒业得以确立和发展,中国作为酒文化的发源地之一,为世界酿酒业做出了杰出的贡献。中国在继承和发扬本民族传统酿酒工艺精华的同时,从不排斥对外来酒文化的吸收。(见图1-1)

图1-1　中国酿酒业的发展

酒是世界各民族共同创造的硕果,是人类智慧的结晶,在酒被认识和应用的过程中,世界各民族打造了各具历史背景和时代特色的酒文化轨迹。多源头、多走向、多元化是酒文化发展的趋势。虽然酒在发展和传播的过程中曾遭遇过冲突和挫折,但在人类创造文明的驱使下,酿酒技术的革命从未停止,酒在人类社会的经济和文化生活中发挥着重要的影响力。

如今,蓬勃发展的中国酿酒业为国民经济进步和人民生活水平的提高做出了巨大贡献,但同样也面临着新观念、新技术的挑战。世界经济一体化格局的形成,使中国正逐步成为西方酒品最大的销售和消费市场,餐饮业的繁荣,中西方酒文化的有机结合,城市酒吧文化的崛起,使得酒品的消费和饮用潮流愈显健康、时尚的特性。健康饮酒已经成为酒文化发展的趋势。

三、酒精与酒精度

(一)酒精

酒精学名"乙醇",常温、常压下为无色透明液体,易挥发,易燃烧,可与水任何比例互溶。在标准状态下,沸点约为 78.3 ℃。

(二)酒精度

酒精在酒中的含量表示有三种方式:标准酒精度、美制酒精度和英制酒精度。酒精度可用酒精计直接测出。(见图 1-2)

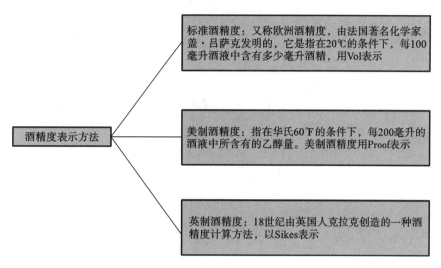

酒精度表示方法

标准酒精度:又称欧洲酒精度,由法国著名化学家盖·吕萨克发明的,它是指在20℃的条件下,每100毫升酒液中含有多少毫升酒精,用Vol表示

美制酒精度:指在华氏60℉的条件下,每200毫升的酒液中所含有的乙醇量。美制酒精度用Proof表示

英制酒精度:18世纪由英国人克拉克创造的一种酒精度计算方法,以Sikes表示

图 1-2　酒精度表示方式

(三)酒精度换算

(1)标准酒精度×1.75=英制酒精度;
(2)标准酒精度×2=美制酒精度;
(3)英制酒精度×8/7=美制酒精度。

四、酒的分类

(一)按生产工艺分类

酒的酿制生产工艺主要有三种方式:发酵、蒸馏、配制。用以上三种方式生产出来的酒分别称为发酵酒、蒸馏酒和配制酒,具体如图 1-3 所示。

(二)按餐饮习惯分类

西餐中按餐酒搭配的特点,酒水主要可分为四个类型,即餐前酒、佐餐酒、甜食酒、餐后酒。(见图 1-4)

(三)按酒精含量分类

按酒精含量分类,酒可分为低度酒、中度酒和高度酒。(见图 1-5)

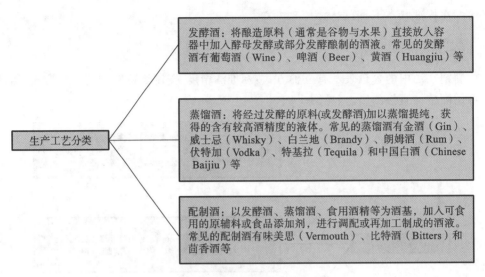

图 1-3　酒按生产工艺分类

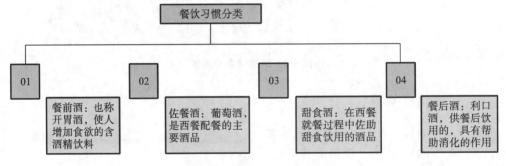

图 1-4　酒按餐饮习惯分类

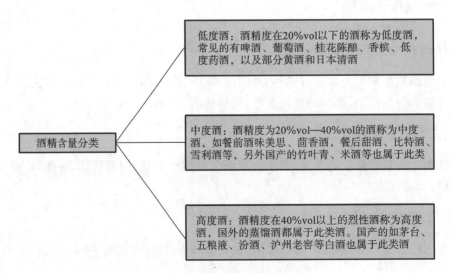

图 1-5　酒按酒精含量分类

任务二　五彩缤纷鸡尾酒

一、鸡尾酒的概念

(一)鸡尾酒定义

"鸡尾酒"一词,由英文"Cocktail"(鸡尾)一词翻译而来。关于鸡尾酒的起源众说纷纭,已经无从考证,但有一点是可以肯定,它诞生于18世纪末19世纪初的美国。第一次有关于鸡尾酒的文字记载是在1806年美国的一本《平衡》杂志中,首次详细介绍了鸡尾酒是用酒精、糖、水(或冰)及苦味酒混合调制而成的饮料。

美国的《韦氏辞典》对鸡尾酒的定义是:鸡尾酒是一种量少而冰镇的饮料,它以朗姆酒、威士忌或其他烈酒为基酒,或以葡萄酒为基酒,再配以其他辅料,如果汁、鸡蛋、比特酒、糖浆等,以搅拌或摇和的方法调制而成,最后再以柠檬片或薄荷叶装饰。(见图1-6)

图 1-6　鸡尾酒

(二)鸡尾酒的特点

1.鸡尾酒是混合型酒水饮料

鸡尾酒通常是由两种或两种以上的酒水、辅料调制而成,可含有酒精也可无酒精。混合性是鸡尾酒最大的特点。

2.材料繁多,风味各异

可用于调酒的材料多种多样,搭配方式不固定。调酒师的创意决定了鸡尾酒的特点,即使配料相同,口味风格也不尽相同。通常鸡尾酒具有明显的刺激性,有一定的酒精度,能使饮用者兴奋。适当的酒精有利于缓解紧张,放松精神。

3.味道丰富,优于单品

鸡尾酒有烘托氛围的特效,形神兼备的鸡尾酒会给人物质和精神上的双重享受,鸡尾酒必须有卓越的口味,而且这种口味应该优于单体酒品。在品尝鸡尾酒时,味蕾只有充分扩张,才能尝到刺激的味道。如果过甜、过苦或过香,就会影响品尝风味的能力,降低酒的品质。

4.冷饮性质

鸡尾酒严格上来讲需要冷冻。当然,有些酒既不用热水调配,也不强调加冰冷冻,或某些配料处于室温状态,这类混合酒也属于广义的鸡尾酒。但不可否认市面上绝大多数为冷冻鸡尾酒。

5.色泽优美,盛载考究

鸡尾酒应具有细致、优雅、匀称、充满魅力的色调。常规的鸡尾酒有澄清型和浑浊型两种。澄清型鸡尾酒的色泽透明,除极少量因鲜果带入固形物外,没有其他任何沉淀物。鸡尾酒应由式样新颖大方、颜色协调得体、容积适当的载杯盛载。鸡尾酒的装饰物会锦上添花,使鸡尾酒更有魅力。

二、鸡尾酒的结构

鸡尾酒的种类款式繁多,调制方法各异,但鸡尾酒的基本结构是有共同之处的,即由基酒、辅料和装饰物三部分组成。

(一)基酒

鸡尾酒的酒基,是构成鸡尾酒的主体,它决定了鸡尾酒的酒品风格和特色。常用作鸡尾酒的基酒的各类烈性酒如金酒、白兰地、伏特加、威士忌、朗姆酒、特基拉、中国白酒等;葡萄酒、配制酒等也可作为鸡尾酒的基酒;无酒精的鸡尾酒则以软饮料调制而成。基酒在配方中的分量比例有各种表示方法,国际调酒师协会统一以份为单位,一份约为30毫升。在鸡尾酒的相关出版物及实际操作中通常以毫升、盎司(量杯)为单位。

(二)辅料

辅料是鸡尾酒调缓料和调味、调香、调色料的总称,它们能与基酒充分混合,降低基酒的酒精含量,缓冲基酒强烈的刺激感,其中调香、调色的材料使鸡尾酒含有了色、香、味等艺术化特征,从而使鸡尾酒的世界色彩斑斓、风情万种。

1.辅料的种类

(1)碳酸类饮料:包括雪碧、可乐、七喜、苏打水、汤力水、干姜水等。

(2)果蔬汁:包括各种罐装、瓶装和现榨的各类果蔬汁,如橙汁、柠檬汁、青柠汁、苹果汁、西柚汁、枸杞果汁、西瓜汁、椰汁、菠萝汁、番茄汁、西芹汁、胡萝卜汁等。

(3)水:包括凉开水、矿泉水、蒸馏水、纯净水等。

(4)提香增味材料:以各类利口酒为主,如蓝色的柑香酒、绿色的薄荷酒、黄色的香草利口酒、白色的奶油利口酒、咖啡色的甘露酒等。

(5)其他调配料:糖浆、砂糖、鸡蛋、盐、胡椒粉、美国辣椒汁、英国辣酱油、安哥斯特拉苦精、丁香、肉桂、豆蔻、巧克力粉、鲜奶油、牛奶、椰浆等。

(6)冰:根据鸡尾酒的成品标准,调制时常见有方冰(立方体)、圆冰(圆立方体)、薄片冰(片状)、碎冰(碎)、细冰(幼冰)。

2.辅料的选择

(1)含酒精辅料。

含酒精辅料在鸡尾酒调制中经常使用。含酒精辅料是在调制开胃酒、利口酒、部分中国配制酒时非常受欢迎的。开胃酒中使用频率较高的是味美思,它能和各种烈酒搭配;开胃酒中的比特酒口感较苦,在鸡尾酒调制中使用频率高但是用量少,主要起调整口感的作用;开胃酒中的茴香酒是酒精含量高、风味浓重的酒,使用频率较低。利口酒

知识链接

鸡尾酒的由来

Note

是鸡尾酒的最佳拍档,最受欢迎的是君度橙酒,它能和所有酒搭配调制鸡尾酒;椰子利口酒通常可调制出具有热带风情的鸡尾酒;薄荷利口酒可调制出清凉爽口的鸡尾酒。不同的利口酒有丰富多彩的色泽,依据含糖量高低可以调制出多姿多彩的彩虹酒。

（2）不含酒精辅料。

①果汁营养丰富,有自然的色泽和爽快的口感,能和所有酒搭配,其中柠檬汁、橙汁、青柠汁较受青睐。另外,番茄汁、椰汁、菠萝汁能和基酒搭配调制出口感新奇、风味独特的鸡尾酒。

②碳酸饮料常用于容量较大的长饮鸡尾酒,无色无味的苏打水只是会降低整杯鸡尾酒的酒精含量,绝对不会改变鸡尾酒的颜色和主体风格。

③加有奶类饮料和鸡蛋的鸡尾酒,芳香可口,深受女性偏爱。

④大多数鸡尾酒加冰会有更好的口感,碳酸饮料冰镇后调制鸡尾酒效果更好。

选择调酒辅料,在品质和成本上都要考虑。首要的是品质,品质低劣的辅料会毁掉一杯鸡尾酒,当然也不必一味追求成本过高的辅料。在辅料的选择上既要考虑其品质,也要考虑其价格。

（三）装饰物

鸡尾酒装饰物是鸡尾酒的重要组成部分。装饰物的巧妙运用,可有画龙点睛般的效果,使一杯平淡无奇的鸡尾酒立即鲜活生动起来,充满着生活的情趣和艺术,一杯经过精心装饰的鸡尾酒不仅能捕捉自然生机于杯盏之间,还可成为鸡尾酒典型的标志与象征。对于经典的鸡尾酒,其装饰物的构成和制作方法是约定俗成的,应保持原貌不得随意改变,而对创新的鸡尾酒,装饰物的修饰和选择不受限制,调酒师可充分发挥想象力和创造力。对于不需装饰的经典鸡尾酒品加以赘饰,则是画蛇添足,只会破坏酒品的意境。

（1）水果类:如樱桃（红、绿、黄色等）、橄榄（青、黑色等）、珍珠洋葱（细小如指尖、圆形透明）,以及柠檬、青柠、菠萝、苹果、香蕉、香桃、杨桃等。

根据鸡尾酒装饰的要求可将水果切成片状、皮状、角状、块状等进行装饰,有些水果掏空果肉后,是天然的盛载鸡尾酒的器皿,常见于一些热带鸡尾酒,如椰壳等。

（2）蔬果类:装饰材料常见的有西芹条、酸黄瓜、新鲜黄瓜条、红萝卜条等。

（3）花草绿叶:使鸡尾酒充满自然和生机、令人备感活力。花草绿叶的选择以小型花序、小圆叶为主,常见的有新鲜薄荷叶、洋兰等。花草绿叶的选择应清洁卫生、无毒无害,不能有强烈的香味和刺激味。

（4）人工装饰物:包括各类吸管、搅拌棒、酒签等,载杯的形状和杯垫的图案花纹也起到了装饰和衬托作用。

三、鸡尾酒酒精度计算

大部分鸡尾酒都含有一定量的酒精。依据标准酒精度的概念,鸡尾酒酒精度的计算公式如下:

$$鸡尾酒的酒精度 = \frac{\begin{array}{c}（基酒的酒精度（体积分数）×基酒的量（V）\\+（辅酒的酒精度（体积分数）×辅酒的量（V））\end{array}}{基酒的量（V）+各种辅料的量（V）} × 100\%$$

注:冰块融化量不计算在内。

 课堂小测试

> 　　有"鸡尾酒之王"美誉的干马天尼是一款经典的鸡尾酒,请同学们计算干马天尼的酒精度。
>
> 　　★提示:干马天尼的配方为60毫升金酒、10毫升干味美思。

四、鸡尾酒的分类

(一)按饮用的时间分类

1.餐前鸡尾酒

餐前鸡尾酒又称餐前开胃鸡尾酒,在餐前饮用,具有生津开胃的作用。常见的餐前鸡尾酒有马天尼和曼哈顿。

2.餐后鸡尾酒

餐后鸡尾酒有助于防止食物淤积、助消化,多为含有多种药材的甜味鸡尾酒,如白兰地亚历山大。

3.晚餐鸡尾酒

晚餐鸡尾酒即晚餐时饮用的鸡尾酒,酒精含量较高,一般口味很辣,如边车。

4.寝前鸡尾酒

寝前鸡尾酒由具有滋补和安眠作用的茴香、牛奶、鸡蛋等材料调制而成,如床第之间。

5.俱乐部鸡尾酒

在正餐(午餐、晚餐)中,这类营养丰富的鸡尾酒可代替凉菜和汤类。可作为佐餐鸡尾酒,如三叶草俱乐部。

(二)按容量及酒精含量分类

1.长饮鸡尾酒

长饮鸡尾酒又称消遣饮料,容量大,常在180毫升以上,酒精含量低,其中基酒所占比重较小,辅料如果汁、碳酸饮料等比重较大。

2.短饮鸡尾酒

短饮鸡尾酒也称为烈性饮料,容量小,通常少于150毫升。酒精含量高,其中基酒所占比重在50%以上,有的可达70%—80%。

(三)按饮用温度分类

1.冰镇鸡尾酒

冰镇鸡尾酒即加冰调制饮用的鸡尾酒,大部分鸡尾酒属于此类。

2. 常温鸡尾酒

常温鸡尾酒即无须加冰调制或在常温下饮用的鸡尾酒,如彩虹酒。

3. 热饮鸡尾酒

按照配方加热的咖啡、牛奶、热水等,采用燃烧、烧煮、温烫等加热方法调制而成,如爱尔兰咖啡、热托蒂等。

(四)按调制鸡尾酒的基酒分类

1. 白兰地类鸡尾酒

以白兰地为基酒调制的各款鸡尾酒,如白兰地亚历山大、边车等。

2. 威士忌类鸡尾酒

以威士忌为基酒调制的各款鸡尾酒,如威士忌酸、教父等。

3. 金酒类鸡尾酒

以金酒为基酒调制的各款鸡尾酒,如干马天尼、红粉佳人等。

4. 朗姆酒类鸡尾酒

以朗姆酒为基酒调制的各款鸡尾酒,如自由古巴、椰林飘香等。

5. 伏特加类鸡尾酒

以伏特加为基酒调制的各款鸡尾酒,如咸狗、血腥玛丽等。

6. 特基拉酒类鸡尾酒

以特基拉为基酒调制的各款鸡尾酒,如玛格丽特、特基拉日出等。

7. 利口酒类鸡尾酒

以利口酒为基酒调制的各款鸡尾酒,如青草蜢、彩虹酒等。

8. 葡萄酒类鸡尾酒

以葡萄酒为基酒调制的各款鸡尾酒,如基尔、红葡萄宾治等。

9. 中国传统酒类鸡尾酒

以中国白酒为基酒调制的各款鸡尾酒,如中国皇帝、梦幻洋河等。

 教学互动

讨论题:根据鸡尾酒的概念不难看出,鸡尾酒属于混合饮料。但在生活中出现的混合饮料是不是都可以称之为鸡尾酒呢?

分析:鸡尾酒属于混合饮料,但并不是所有的混合饮料都是鸡尾酒。一些混合饮料只是简单地把两种以上的酒水混合,没有一定的混合比例要求,叫法也只是简单地把酒水的名称叠加起来,如葡萄酒加雪碧、威士忌加矿泉水。

项目小结

本项目主要介绍酒的定义、分类、酒精度;鸡尾酒的分类、结构以及鸡尾酒的酒精度计算。学生重点掌握鸡尾酒的不同种类及特点,能准确识别酒精度,完成鸡尾酒的酒精度计算题目。通过学习本项目培养学生鸡尾酒学习兴趣,为今后本课程的学习打下基础。

项目训练

一、知识训练

1.根据所学内容对酒的含义及分类进行描述。

2.分组讨论鸡尾酒的特点。

二、能力训练

请同学们利用课余时间在超市找出三种不同类型的酒,拍照片,并根据本项目所学知识对其特点做出总结。

 Note

项目二
识别酒用具——酒吧载杯与调酒用具

 项目描述

　　工欲善其事,必先利其器。一杯美妙的鸡尾酒离不开精致载杯的衬托,少不了恰当的用具。本项目主要介绍鸡尾酒的各类载杯与调酒所需要的常用器具,是进行鸡尾酒学习的先导内容。

 项目目标

知识目标
1.掌握各类鸡尾酒载杯和调制工具的中英文名称。
2.准确区分各类鸡尾酒载杯的使用情境。

能力目标
1.正确识别各类鸡尾酒载杯和工具。
2.正确清洗与保管鸡尾酒载杯和工具。

思政目标
1.培养严谨细致的工匠精神。
2.建立酒吧职业岗位认同感,养成爱岗敬业精神。

知识导图

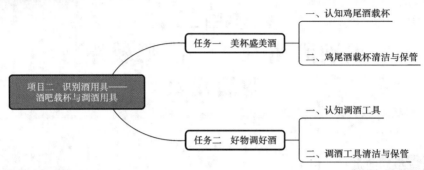

项目二　识别酒用具——
酒吧载杯与调酒用具

任务一　美杯盛美酒
- 一、认知鸡尾酒载杯
- 二、鸡尾酒载杯清洁与保管

任务二　好物调好酒
- 一、认知调酒工具
- 二、调酒工具清洁与保管

学习重点

1. 辨别各类鸡尾酒载杯。
2. 认识并准确使用调酒工具。
3. 正确清洗及保管各类载杯与工具。

学习难点

1. 各类鸡尾酒载杯和工具的中英文名称。
2. 鸡尾酒载杯和调酒工具的保管方法。

项目导入

　　生活中常见的喝茶的杯子多是陶瓷的,但是谈到喝酒的杯子,那就是玻璃材质杯子的天下了,可以说市面上见到的酒具有 80% 都是玻璃材质的。那么为什么玻璃材质的酒杯这么受大家的欢迎呢?使用玻璃材质的酒杯喝酒又有什么好处呢?

　　★剖析:(1)从大的方向讲,玻璃杯破碎之后,碎玻璃渣还可以回收利用,这样不会污染环境,因此为了可持续发展战略,政府大力倡导使用玻璃材质的包装代替塑料材质的包装。

　　(2)玻璃杯的主要原料就是石英砂,搭配纯碱之后按照一定的比例经 600 ℃ 高温加热,熔制成玻璃溶液,然后经人工吹制形成各种器形的杯子。其间不添加任何化学成分,所以对我们的身体是完全无害的。

　　(3)玻璃杯由于本身料质的清澈无色,可以更加直观清楚地观看到杯中酒液的颜色,甚至可以看到啤酒在玻璃杯中小小的气泡。

　　(4)玻璃杯易于清洗,耐磨损,表面光滑,健康卫生。

　　(5)玻璃杯也由于其表面可以做不同的加工设计,可以进行轻定制,从而更加符合当下年轻人追求差异化和时尚的潮流。

　　(资料来源:https://www.sohu.com/a/293669831_120063914。)

Note

任务一　美杯盛美酒

一、认知鸡尾酒载杯

(一)鸡尾酒载杯应具备的条件

鸡尾酒的载杯造型各异,但大部分的鸡尾酒载杯都应具备以下条件:

(1)不带任何花纹和色彩,色彩会混淆酒的颜色。

(2)不可用塑料杯,塑料会使酒走味。

(3)以高脚杯为主,便于手握。因为鸡尾酒要保持其冰冷度,手的触摸会使酒液升温,从而影响口感。

(二)鸡尾酒载杯的分类

1. 平底杯系列

(1)海波杯(Highball Glass),又称高球杯或直筒杯,一般为 8—10 盎司,常用于盛放软饮料、果汁、鸡尾酒、矿泉水,是酒吧中使用频率最高且必备的杯子(见图 2-1)。

(2)柯林杯(Collins Glass),是与海波杯大致相同,杯身略高,相比海波杯更加细长,是像烟囱一样的大酒杯,容量为 10—12 盎司,多用于盛放混合饮料、鸡尾酒及奶昔。适用于如汤姆柯林(Tom Collins)一类的鸡尾酒。

(3)烈酒杯(Shot Glass),容量较小,多为 1—2 盎司,用于盛放净饮烈性酒和鸡尾酒(见图 2-2)。

(4)古典杯(Old Fashioned Glass),又称为岩石杯、老式杯。厚底、矮身、杯口较宽,一般为 8 盎司左右,多用于盛放加冰饮用的烈酒(见图 2-3)。

(5)果汁杯(Juice Glass),与古典杯形状相同,略大,只用于盛放果汁。

(6)啤酒杯(Beer Glass),一般为 10—12 盎司。啤酒杯形状主要有有把和无把两种,有把的是传统啤酒杯(Beer Mug)(见图 2-4);无把的啤酒杯如比尔森式啤酒杯(Pilsener Glass)(见图 2-5)。

图 2-1　海波杯　　图 2-2　烈酒杯　　图 2-3　古典杯　　图 2-4　传统啤酒杯　　图 2-5　比尔森式啤酒杯

2. 矮脚杯系列

（1）白兰地杯（Brandy Glass，Brandy Snifter），矮脚、小口、大肚酒杯，杯子通常为 8 盎司左右，但倒入酒量不宜过多，以杯子横放时，酒在杯腹中不溢出为宜，酒太多不易快速温热，难以充分品尝到它的酒香。使用时以手掌托着杯身，让手的温度传入杯中使酒升温，并轻轻摇晃杯子，这样可以充分享受杯中的酒香。（见图 2-6）。

（2）飓风杯（Hurricane Glass），是一种新式鸡尾酒杯，多用于盛载冰冻鸡尾酒等，一般为 12—16 盎司（见图 2-7）。

（3）雪利酒杯（Sherry Glass），矮脚、小容量，一般为 2 盎司左右，专用于盛放雪利酒（见图 2-8）。

（4）格兰凯恩闻香杯（Glencairn Glass），英国水晶制造商 Glencairn 针对威士忌首席调酒师及品酒家所生产的闻香杯，造型像极了威士忌的壶式蒸馏器。其略微宽大的杯腹，可以容纳足够分量的威士忌，并在杯腹将香气凝聚，再从杯口释放出来。杯口直径比 ISO 标准品酒杯略小，杯缘没有外翻或内缩的设计，一般为 6—7 盎司，适用于各种威士忌和烈酒（见图 2-9）。

图 2-6　白兰地杯　　　图 2-7　飓风杯　　　图 2-8　雪利酒杯　　　图 2-9　格兰凯恩闻香杯

3. 高脚杯系列

（1）鸡尾酒杯（Cocktail Glass），又叫马天尼酒杯，通常呈倒三角或倒梯形，一般为 4.5 盎司左右，专门用来盛放马天尼（Martini）、曼哈顿（Manhattan）等鸡尾酒（见图 2-10）。

（2）玛格丽特杯（Margarita Glass）：高脚、阔口、浅型碟身，专用于盛放玛格丽特（Margarita）鸡尾酒（见图 2-11）。

（3）利口酒杯（Liqueur Glass），形状小，主要盛放净饮利口酒。一般为 1—1.5 盎司的小型有脚杯，杯身为管状，可以用来饮用五光十色的利口酒，还可以用来盛彩虹酒等（见图 2-12）。

（4）酸酒杯（Sour Glass），通常把带有柠檬味的酒称为酸酒（Sour），用于盛载酸味鸡尾酒和部分短饮鸡尾酒，一般为 4—6 盎司（见图 2-13）。

（5）红葡萄酒杯（Red Wine Glass），高脚、大肚，主要盛放红葡萄酒（见图 2-14）。

（6）白葡萄酒杯（White Wine Glass），高脚，容量比红葡萄酒杯略小，主要盛放白葡萄酒和桃红葡萄酒（见图 2-15）。

（7）碟形香槟杯（Champagne Saucer Glass），高脚、浅身、阔口，可用于码放香槟塔。

常用于庆典场合,也可用来盛鸡尾酒,如百万美元(Million Dollars)、宾治(Punch)等鸡尾酒,一般为3—6盎司,以4盎司的香槟杯使用最多(见图2-16)。

图 2-10　鸡尾酒杯　　　　图 2-11　玛格丽特杯　　　　图 2-12　利口酒杯　　　　图 2-13　酸酒杯

图 2-14　红葡萄酒杯　　　　　图 2-15　白葡萄酒杯　　　　　图 2-16　碟形香槟杯

(8)郁金香形香槟杯(Tulip Champagne Glass),主要盛载香槟酒和香槟鸡尾酒(见图2-17)。

(9)爱尔兰咖啡杯(Irish Coffee Glass),是杯体长直的高脚杯,杯体底部呈圆形,一般为8—10盎司。这种酒杯一般比较厚实,耐高温,专门用来制作、盛放爱尔兰咖啡(见图2-18)。

(10)ISO标准品酒杯(ISO Standard Wine Tasting Glass),ISO标准品酒杯的杯身造型类似一朵含苞待放的郁金香,通常为215毫升,也有410毫升、300毫升和120毫升等不同规格,适用于品尝任何种类的葡萄酒,它不会改变酒的任何风味,可直接展现葡萄酒的风味,被全世界各个葡萄酒品鉴组织推荐和采用,酒类竞赛通常使用这种杯子,无论哪种葡萄酒在ISO品酒杯里都是平等的(见图2-19)。

图 2-17　郁金香形香槟杯　　　　图 2-18　爱尔兰咖啡杯　　　　图 2-19　ISO标准品酒杯

4.其他类型载杯

(1)朱莉普杯(Julep Cup),传统上来说,这些短圆锥形酒杯供应薄荷朱莉普(Mint Julep)鸡尾酒,一般为12—13盎司,最好是由银或锡制作的,但不锈钢材质的更常见。它们应存放在冰箱中,但即使在室温下,在做薄荷朱莉普(Mint Julep)时也要充分冰杯以确保在杯壁外侧形成厚厚的霜(见图2-20)。

(2)铜杯(Copper Mug),通常刻有一个正在尥蹶子的骡子,一般为12盎司。这种铜杯主要用于供应以伏特加为基酒的莫斯科骡子鸡尾酒(见图2-21)。

(3)苦艾酒杯(Absinthe Glass),宽边框,有脚酒杯,一般为8—11盎司。通常有一个剂量线,以显示倒入了多少苦艾酒(通常为1盎司剂量)(见图2-22)。

(4)提基杯(Tiki Mug),又称迈泰杯,通常用陶瓷制成,一般为8—11盎司,杯身刻有波利尼西亚的石雕像,或一切可联想到热带风情的装饰图案。提基杯专门用于盛装提基鸡尾酒,从20世纪30年代开始出现在美国各酒吧,适用盛载僵尸、迈泰等鸡尾酒(见图2-23)。

图2-20　朱莉普杯　　　　图2-21　铜杯　　　　图2-22　苦艾酒杯　　　　图2-23　提基杯

知识链接

▼

玻璃杯的
分类

二、鸡尾酒载杯清洁与保管

(一)载杯的清洗

按照国家食品卫生法规和相关条例要求,为确保食品安全,载杯清洗时通常有冲洗、浸泡、漂洗、消毒、擦干等程序。

1.冲洗

冲洗指用自来水将用过的载杯上的污物冲掉。这道程序必须注意冲干净,不留任何点块状的污物。

2.浸泡

浸泡是将冲洗干净的器皿(带有油迹或其他不易冲洗的污物)放入洗洁精溶剂中浸泡,然后擦洗直到没有任何污物。

3.漂洗

漂洗是把浸泡后的载杯用自来水漂洗,使之不带有洗涤剂的味道。像海波杯、柯林杯等高身直筒杯,一般会使用专业洗杯机来清洗。

4.消毒

消毒即采用不同的消毒方法对杯具进行消毒。

5.擦干

杯具擦拭的基本方法如下：

(1)将酒杯擦杯布展开,将拇指放于内侧,拿住两端。

(2)将擦杯布铺于左手掌,右手拿住酒杯,把杯底放在左手掌上,然后,左手握住酒杯,用右手将擦杯布的对角线塞向酒杯的内部,将右手的大拇指放在酒杯的中间,其他四指放在酒杯的外侧,靠紧酒杯,将酒杯左右交互旋转进行擦拭。

(3)擦完之后,用右手拿住酒杯的下部,收放起来。

洗涤和擦拭后的杯具要求干爽、透亮、无污迹、无水迹。

(二)载杯的消毒方法

载杯的消毒方法主要有高温消毒法和化学消毒法。可采用高温消毒法,也可采用化学消毒法,或者将高温消毒法和化学消毒法相结合使用。

1.高温消毒法

高温消毒法又可以分为以下三种方法：

(1)煮沸消毒法。这是公认的简单而又可靠的消毒方法。将器皿放入水中后,将水煮沸并持续5—10分钟,就可以达到消毒的目的。注意要将器皿全部浸没于水中,消毒时间从水沸腾后开始计算,水沸腾后中间不能降温。

(2)蒸汽消毒法。消毒柜上插入蒸汽管,管中的流动蒸汽是过饱和蒸汽,温度一般在90 ℃左右,消毒时间为10分钟。消毒时要尽量避免消毒柜泄漏蒸汽。器皿之间要留有一定的空间,以利于蒸汽畅通穿透。

(3)远红外线消毒法。它属于热消毒,需要使用远红外线消毒柜,在120 ℃—150 ℃高温下持续15分钟,基本可达到消毒的目的。

2.化学消毒法

如不具备高温消毒的条件,可采用化学消毒法。常用的化学药剂有氯制剂(种类很多,使用时用其0.1％溶液浸泡5—10分钟)和酸制剂(如过氧乙酸,使用时用0.2％—0.5％溶液浸泡器皿5—10分钟)。

(三)载杯的保管方法

1.玻璃用品的使用与保管

(1)搬运整箱(件)玻璃用品时应注意包装向上的标记。

(2)服务时,杯具都必须用托盘运送,并将平底无脚杯和带把啤酒杯倒扣在托盘来运送,轻拿轻放。

(3)使用过的酒杯先用冷水浸泡除去酒味,然后再用洗涤剂洗涤、冲洗、消毒,以保持器皿的透明、光亮。高档酒杯以手洗为宜。

(4)洗涤过的器皿要与不常用的器皿分隔放好保管,禁止与氧化物、硫化物、酸碱物、油类等接触。

2.陶瓷制品的使用与保管

(1)对新购器皿,可用敲击法或浸压法检测其质量。

(2)使用过的器皿应及时用温水或过氧化氢膏、草酸溶液浸泡冲洗,除去残留油污、茶渍和食物残渣,经过消毒后才可以使用。

(3)高档器皿宜用手洗,以防损伤瓷器表面。

(4)陶瓷制品保存的库房要通风、干燥,因为陶瓷包装材料受潮后,其中的化学物质会渗到瓷器表面,从而使制品变色或产生裂纹,降低瓷器质量。

3.金属制品的使用与保管

金属制品经洗涤、消毒后注意保持干燥,并单独存放保管,防止被化学物品与油类物品污染。

任务二 好物调好酒

一、认知调酒工具

(一)调酒壶(Shaker)

1.三段式调酒壶(Standard Shaker)

三段式调酒壶又名英式摇酒壶、雪克壶,由壶身、过滤器、壶盖三部分组成,它是用来将各种调酒材料摇匀混合的。有小号、中号、大号三种,容量从250毫升到550毫升不等,以不锈钢材质最为常见。此外,还有合金、镀银的高档产品(见图2-24)。

2.波士顿调酒壶(Boston Shaker)

波士顿调酒壶又名美式调酒壶,分为两段式,使用时将两端对扣在一起进行摇晃。材质上有两段均为不锈钢材质(见图2-25);也有一段为玻璃材质,一段为不锈钢材质的,此种设计便于调酒表演,可直接通过玻璃一段看到壶中酒液混合的过程。波士顿调酒壶比三段式调酒壶容量大,且一般只有一种型号,多用于花式鸡尾酒的调制,故也称花式调酒壶。

图2-24 三段式调酒壶

图2-25 波士顿调酒壶

(二)调酒杯(Mixing Glass)

调酒杯是一种体高、壁厚的玻璃器皿,且标有刻度。调酒杯内侧底部呈弧形锅底状设计,目的是便于搅拌时吧匙可以稳定于杯底而不滑动。调酒杯常用于调制鸡尾酒,也可以用来盛放冰块及各种饮料。典型的调酒杯一般为16—17盎司(见图2-26)。

(三)量酒器(Jigger)

量酒器一般由不锈钢制成,目前也有玻璃材质的量酒器。标准的量酒器形状为窄端相连的两个漏斗形用具,容量一大一小,连接而不互通。每个量酒器两头均可用,有0.5—1盎司、1—1.5盎司、1.5—2盎司三种组合,主要是为了满足调酒师制作鸡尾酒时准确用料的要求(见图2-27)。此外,量酒器也有不同容量、单独设计的款式。

(四)吧匙(Bar Spoon)

吧匙由不锈钢制成,一端为匙,另一端为叉,中间部位呈螺旋状,有大、中、小三个型号。通常用于制作分层鸡尾酒及一些需要用搅拌法制作的鸡尾酒和取放装饰物(见图2-28)。

图2-26 调酒杯   图2-27 量酒器   图2-28 吧匙

(五)鸡尾酒签(Cocktail Pick)

鸡尾酒签是由塑料或不锈钢制成的细短签,颜色、款式可随意定制。五颜六色的鸡尾酒签在用来穿插鸡尾酒装饰物的同时,也给鸡尾酒添色不少。根据鸡尾酒签的质地,经营者可自行决定是否把它作为一次性用品(见图2-29)。

(六)吸管(Straw)

吸管有单色或多色,可随意定制,除可用于喝饮料外,还起到一定装饰作用,为一次性低值易耗品(见图2-30)。以前塑料吸管较常见,现多为纸质吸管、PLA可降解吸管及其他可降解材料制成的吸管。

课堂思考

酒吧不再提供塑料吸管，顾客在酒吧的体验感是否下降？

（七）杯垫（Coaster）

杯垫通常由硬纸、硬塑料、胶皮、布等材料制成，有圆形、方形、三角形等多种形状。杯垫作用广泛，除垫杯子、吸水外，还可起到宣传的作用，各酒水厂商或酒吧可将自己的标识印刷于杯垫上，能在顾客饮酒过程中起到较好的宣传作用，以加深顾客对酒厂或酒吧的印象。一般情况下，杯垫可重复使用（见图2-31）。

（八）开瓶器（Bottle Opener）

开瓶器通常由不锈钢制成，其造型、颜色多种多样，一般一端为扁形钢片，另一端为漏空状，用于开启听装饮料和瓶装啤酒。

（九）酒钻（Cork Screw）

酒钻又称为"调酒师之友"、海马刀等，是酒吧用于开启葡萄酒的专用开瓶工具，由小刀、螺旋状钢钻、杠杆器组成。

（十）滤冰器（Strainer）

滤冰器一般由不锈钢制成，器具呈扁平状，上面均匀排列着滤水孔，边缘围有弹簧，通常与调酒杯配合使用（见图2-32）。它主要用于制作鸡尾酒时过滤冰块。

图 2-29　鸡尾酒签

图 2-30　吸管

图 2-31　杯垫

图 2-32　滤冰器

（十一）冰夹（Ice Tong）

冰夹由不锈钢或塑料制成，夹冰部位呈齿状，有利于冰块的夹取。除夹冰块外，也可夹取水果（图2-33）。

（十二）冰桶（Ice Bucket）

冰桶由不锈钢或玻璃制成，桶口边缘有两个对称把手。由不锈钢制成的冰桶多呈

Note

原色和镀金色，主要用于放冰块、温烫米酒或冰镇白葡萄酒等。由玻璃制成的冰桶体积较小，可盛放少量冰块，满足顾客不断加冰的需要（见图 2-34）。

（十三）冰铲（Ice Container）

冰铲由不锈钢或塑料制成，主要用于盛铲冰块（见图 2-35）。

图 2-33　冰夹　　　　　　　　图 2-34　冰桶　　　　　　　图 2-35　冰铲

（十四）葡萄酒冰桶（Wine Ice Bucket）

葡萄酒冰桶为不锈钢制成，由桶和桶架两部分组成，桶身较大，主要用于冰镇白葡萄酒、桃红葡萄酒、香槟和起泡酒，配上桶架置于顾客桌旁，保持酒液的温度。

（十五）砧板（Cutting Board）

砧板由有机塑料制成，制作果盘和鸡尾酒装饰物时使用。

（十六）酒吧水果刀（Bar Knife）

酒吧水果刀一般为不锈钢材质，体积较小（见图 2-36）。主要用于装饰水果的切割。

（十七）酒嘴（Pourer）

酒嘴有不锈钢和塑料两种，具有密封性好、倾倒顺畅等特点，插入瓶口即可使用。酒嘴主要是为了控制酒水流速，特别在花式调酒中是必不可少的，目的是使调酒表演更加连贯、顺畅。

（十八）香槟塞（Champagne Bottle Shutter）

常见的香槟塞有不锈钢和塑料两种。由于大多数香槟容量较大，且价格相对较高，所以为便于打开后剩余酒液的储存，设计了此塞，解决了原装塞打开后不能插回的问题（见图 2-37）。

（十九）宾治盆（Punch Bowl）

宾治盆有玻璃和不锈钢两种，它是用来调制和盛放量大的混合饮料的。宾治盆容量有大有小,一般还配有宾治杯和宾治勺。

(二十)冰锥(Ice Piton)

冰锥是用来切分冰块的,有三头和单头两种,图 2-38 所示为一个三头冰锥。

图 2-36　酒吧水果刀　　　　图 2-37　香槟塞　　　　图 2-38　冰锥

(二十一)柠檬压榨器(Lemon Squeezer)

柠檬压榨器由不锈钢制成,形状与橙子榨汁器上端圆锥形钻头相似。瓶装柠檬汁不能满足调酒师对品质的追求,很多鸡尾酒都需要使用柠檬压榨器获得的新鲜柠檬汁调制(见图 2-39)。

图 2-39　柠檬压榨器

(二十二)水果压榨器(Fruit Squeezer)

水果压榨器专门用来压榨汁液丰富的柑橘、柳橙、西瓜等水果。(见图 2-40)

(二十三)擦杯布(Towel)

擦杯布是用来擦拭杯子的清洁用布,以吸水性强的棉质材料为佳。

(二十四)酒吧垫(Bar Mats)

酒吧垫即铺在操作台上,用于放杯子或调酒工具等物品的垫子。如果直接将清洗过的杯子或调酒工具放在吧台上会有水渍,应将其放在酒吧垫上。酒吧垫上的小格子会保存一部分的水,避免操作台到处是水。(见图 2-41)

(二十五)碾棒(Muddler)

碾棒用来捣压香草、香料、水果等,让其芳草散发出来却不遭到破坏,从而释放出它们的味道并将其注入饮料之中,例如,莫吉托(Mojito)鸡尾酒就需要将薄荷叶与青柠用碾棒来捣压(见图 2-42)。

图 2-40 水果压榨器

图 2-41 酒吧垫

图 2-42 碾棒

(二十六)漏斗(Funnel)

漏斗是将酒液或饮料从一个容器倒入另一个容器时所使用的工具,可达到快捷、准确、无浪费的目的。为了保证酒的口味纯正,酒吧使用的漏斗多为不锈钢质地。

二、调酒工具清洁与保管

调酒工具如吧匙、量杯、调酒壶、电动搅拌机、酒吧水果刀等,通常只接触酒水,不接触顾客,所以使用后只需直接用自来水冲洗干净就可以。但要注意:吧匙、量杯不用时一定要浸泡在干净的水中,并要经常换水。调酒壶、电动搅拌机每使用一次要清洗一次。

(一)调酒工具的清洗要点

(1)调酒壶、量酒器内侧需仔细擦洗,不留任何污渍和水渍。

(2)调酒壶的过滤网容易残留酒渍,清洁时需重点清洗,将经过清洗的调酒工具放入专用消毒剂或消毒柜中消毒。

(3)若酒吧采用化学消毒法消毒,则要将经过消毒的调酒工具取出,用清水冲洗干净、擦干。

(4)若采用消毒柜消毒,则只需将消过毒的调酒工具从消毒柜中取出,放在干净的工作台上备用。

(5)在酒吧,吧匙通常是放在苏打水中保存,随用随取。

(6)酒吧工具常用的消毒方法有高温消毒法和化学消毒法两种,凡有条件的酒吧都应采用高温消毒法,其次才考虑化学消毒法。

(二)调酒工具清洗的注意事项

(1)酒吧器具必须分类洗涤,特别是玻璃器皿的杯具等不可和瓷器、不锈钢用具混淆在一起,这样容易造成杯具破损,增加经营成本。

(2)各类器皿洗涤、消毒后必须妥善保管,减少二次污染。

(3)无论采用何种消毒方法对酒吧器具进行消毒,都必须注意操作安全,尽量减少不必要的人身伤害和财产损失。

(4)采用化学消毒法消毒的酒吧器具,必须充分漂洗干净,不可在器具上残留任何消毒液剂,以免影响酒品的出品质量和危害顾客的身体健康。

 课堂思考

调酒工具中哪些应使用物理消毒法,哪些应使用化学消毒法?

 教学互动

擦杯技能大 PK

给参加 PK 的同学每人一块擦杯布、两个鸡尾酒杯,并提供充足的热水,同学们同时操作,分别计时,操作完毕后教师检查质量。擦干净两个杯子所用时间最短者胜出。

教师进行点评。

项目小结

本项目主要介绍鸡尾酒的载杯和调酒工具。学生通过学习能够正确辨别鸡尾酒各类载杯,认识并使用调酒工具,知道如何正确清洗及保管各类鸡尾酒载杯与调酒工具。

项目训练

一、知识训练

1.鸡尾酒载杯的中英文名称。

2.鸡尾酒调制工具的中英文名称。

3.鸡尾酒载杯的清洗消毒方法。

二、能力训练

鸡尾酒载杯及调酒工具的清洁。

（1）分组练习。2 人为一小组，完成指定载杯和调酒工具的清洁任务。

（2）物品准备。准备擦布、清洁剂等。

（3）教师考评。教师对各小组的载杯和调酒工具的清洁进行考评。然后把个人评价、小组评价、教师评价简要填入以下评价表中。

被考评人					
考评地点					
考评内容					
考评标准	内容	分值	自我评价/分	小组评价/分	教师评价/分
	载杯清洗操作规范	20			
	调酒工具清洗流程正确	20			
	擦杯操作动作熟练	20			
	清洗过后的载杯干爽、透亮、无污迹、无水迹	20			
	卫生习惯良好	20			
合计		100			

注：教师针对各小组的调制过程、鸡尾酒成品进行讲评，然后把个人评价、小组评价、教师评价简要填入评价表中。

项目三
融合调酒术——鸡尾酒调制方法

 项目描述

  英式调酒追求标准、规范,花式调酒彰显个性。调酒师根据不同顾客需求,运用其掌握的调酒技术及服务要求,创新地为顾客调制色香味形俱佳的鸡尾酒,对提高顾客满意度有重要意义。

 项目目标

知识目标
1.熟悉各种调酒技术的含义。
2.掌握英式调酒的操作程序和服务要求。

能力目标
1.正确运用英式调酒操作技能。
2.能使用基本调酒方法调制鸡尾酒。

思政目标
1.树立精益求精、追求极致服务的工匠精神。
2.锻炼创新思维能力及根据对客标准解决突发事件的能力。

知识导图

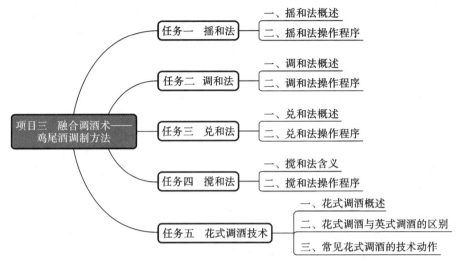

项目三　融合调酒术——鸡尾酒调制方法

任务一　摇和法
　一、摇和法概述
　二、摇和法操作程序

任务二　调和法
　一、调和法概述
　二、调和法操作程序

任务三　兑和法
　一、兑和法概述
　二、兑和法操作程序

任务四　搅和法
　一、搅和法含义
　二、搅和法操作程序

任务五　花式调酒技术
　一、花式调酒概述
　二、花式调酒与英式调酒的区别
　三、常见花式调酒的技术动作

 学习重点

1. 摇和法规范操作。
2. 调和法规范操作。
3. 综合应用英式调酒技术调制鸡尾酒。

 学习难点

1. 分层法规范操作。
2. 花式调酒技术动作。
3. 融合英式与花式的调酒技术。

 项目导入

　　周五晚上，广州某五星级酒店大堂酒吧热闹非凡。五六位顾客同时跟调酒师小林点鸡尾酒。通常顾客等待的时间为3分钟左右，为了不让顾客久等，小林在调酒的过程中表现出些许慌张忙乱，没有很好地展示专业调酒师沉着应对、快速高效、游刃有余的风采。

　　★剖析：一位专业的调酒师，要能够自信地向顾客展示专业、规范、标准的英式调酒技术，或体现个性的，具有观赏性、刺激性的花式调酒技术，能积极应对各种突发状况，熟练运用各种调酒技术快速调制经典或创意鸡尾酒，让顾客满意。

任务一　摇和法

一、摇和法概述

(一)摇和法的含义

当鸡尾酒的配方中含有柠檬汁、糖浆、鲜奶、奶油、蛋清等不易混合的材料时,须用调酒壶摇匀。

摇和法(Shaking)是将配方中的材料按标准容量依次倒入有冰块的调酒壶中,经过一段时间的摇和,过滤冰块,将酒水倒入载杯中。摇和法调制出来的鸡尾酒口感更加怡人。用摇和法调制的酒水多使用鸡尾酒杯盛装。

(二)摇和法的两种手法

1.单手摇和

通常使用250毫升的调酒壶。右手食指卡住壶盖,用大拇指、中指、无名指、小指夹住壶体两边,手心不与壶体接触(见图3-1),依靠手腕的力量用力摇晃,使液体充分混合。摇壶时,尽量以手腕用力,手臂在身体右侧自然上下摆动。单手摇的要求:力量大、速度快、有节奏、动作连贯。

图3-1　单手拿壶

2.双手摇和

最常用的摇和法,使用容量为350毫升和550毫升的调酒壶。左手中指、无名指托住壶底,食指及小指夹住壶身,大拇指压住过滤网(见图3-2);右手的大拇指压住壶盖,其余四指贴住壶身,双手将调酒壶拿起(见图3-3),壶头朝向身体,壶底朝外,斜向用力摇晃。要求两臂略抬起,呈伸屈动作,手腕呈三角形靠身体的一侧摇动。

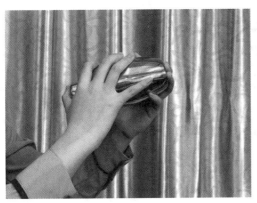

图 3-2　双手拿壶(一)

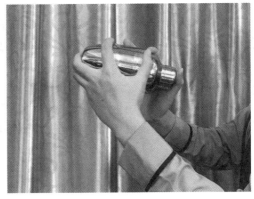

图 3-3　双手拿壶(二)

二、摇和法操作程序

(一)摇和法使用工具

摇和法使用工具包括英式调酒壶、量酒器、冰铲、冰夹、冰桶、滤冰器、载杯、杯垫、口布等。

(二)摇和法规范操作程序

(1)检查调制鸡尾酒所需材料与装饰物原料是否齐全、整洁、干净。

(2)检查载杯清洁情况,确保载杯无指纹、口红印迹、裂痕等。

(3)调制短饮类鸡尾酒要提前冰杯。

(4)在摇酒壶中加入冰块,八分至九分满。

(5)示酒,将酒瓶倾斜,使其与平面呈 45°,将酒标正面朝向顾客,以展示调制所需酒水原料。

(6)开瓶,尽量握紧酒瓶,避免剧烈晃动。

(7)使用量酒器,按配方规定的量往摇酒壶中倒入酒水原料;先加基酒,再加其他酒类材料,最后量取、加入非酒类材料。

(8)先盖上过滤网,再盖上壶盖,用力进行摇和,直至调酒壶表面起薄霜。

(9)调制短饮类鸡尾酒,应把载杯中的冰块倒掉。取下调酒壶的盖子,务必用食指压住过滤网(以防过滤网脱落),将摇和好的酒水滤入杯中,调酒壶中不残留酒液。

(10)在载杯口放上制作好的装饰物。

(11)将调制好的鸡尾酒放在杯垫上,并示意顾客慢用。

(12)将酒水原料归位,清洗调酒工具,最后整理吧台。

(三)摇和法操作的注意事项

(1)摇和法调制时不能加入碳酸类饮料。

（2）摇酒时调酒壶不应正面对着顾客，应侧身将调酒壶在身体左上方或右上方摇和。

（3）熟练操作，先放入冰块，最后加入基酒以及辅料。

（4）手掌不能接触壶身，避免手掌的温度加速冰块融化以影响酒的口感。

（5）当材料中有鲜奶、奶油、糖浆、蛋清等不易混合的材料时，摇和次数和力道要加倍，要使所有材料充分混合。

（6）根据酒谱使用量酒器量取规定的配方材料分量。

（7）调制动作要规范、流畅、有观赏性，避免滴洒浪费酒水的情况发生。

微课
▼

摇和法

任务二　调和法

一、调和法概述

（一）调和法含义

调和法（Stirring）是使用吧匙将酒水材料调和均匀的方法。

（二）调和法分类

调和法分为两种，即调和、调和与滤冰。

（1）调和：在酒杯中加入冰块，再根据酒谱将配方材料按标准容量倒入酒杯中，用吧匙调和均匀，使所有材料冷却并混合。此方法调制的酒水常用柯林杯或海波杯作载杯。

（2）调和与滤冰：在调酒杯中加入冰块，再根据酒谱将配方材料按标准容量倒入调酒杯中，用吧匙调和均匀后，用滤冰器过滤冰块，将酒水倒入载杯中。此方法常用于调制烈性的鸡尾酒，酒水材料清澈，酒味较辛辣，后劲较强，如曼哈顿、干马天尼。

二、调和法操作程序

（一）调和法使用工具

调和法使用工具包括调酒杯、吧匙、滤冰器、量酒器、冰铲、冰夹、冰桶、载杯、杯垫、口布、吸管、搅拌棒等。

（二）调和法规范操作程序

（1）检查调制鸡尾酒所需材料与装饰物原料是否备齐、整洁、干净。

（2）检查载杯清洁情况，确保载杯无指纹、口红印迹、裂痕等。

（3）先在调酒杯或载杯中放入冰块。

(4)示酒,将酒瓶倾斜,与平面呈 45°,将酒标正面朝向顾客,以展示调制所需酒水原料。

(5)开瓶,尽量握紧酒瓶,避免剧烈晃动。

(6)使用量酒器,按配方规定的量往调酒杯里量入酒水原料;先加基酒,再加其他酒类材料,最后量取、加入其他非酒类材料。

(7)左手大拇指与食指、中指握住调酒杯底部,右手中指与无名指夹住吧匙;通过手腕发力,无名指推动吧匙按顺时针方向旋转搅拌(见图 3-4)。

图 3-4　调和法

(8)短饮类:待调酒杯外有水汽析出,酒液充分混合,搅拌结束;用滤冰器卡住调酒杯杯口,将酒滤入载杯中,再加装饰物。长饮类:待载杯外有水汽析出,酒液充分混合,搅拌结束,放上装饰物,最后插入吸管和搅拌棒。

(9)将调制好的鸡尾酒放在杯垫上,并示意顾客慢用。

(10)将酒水原料归位,清洗调酒工具,最后整理吧台。

(三)调和法操作注意事项

(1)调和整体动作幅度小,动作轻柔,右手不能顺着吧匙上下滑动。

(2)吧匙的背部必须紧贴调酒杯的内壁,以充分混合酒液,不可随意乱搅。

(3)吧匙放入或取出时,吧匙的背部应向上,避免多余的酒液滴落杯外。

(4)调和过程中尽量不发出声音。

(5)吧匙应浸泡在干净的水中,浸泡的水需经常更换。

(6)调和时应注意调和速度不宜过快,防止酒液溢出杯外。

(7)调和法调和时间不宜过长,通常调和时间为 5 秒左右,可调和 10—15 次。

(8)调制动作规范、流畅、有观赏性,避免滴酒浪费酒水情况发生。

微课

调和法与
搅和法

Note

任务三　兑和法

一、兑和法概述

(一)兑和法含义

兑和法(Building)是最传统的鸡尾酒调制方法,直接将调酒所需材料倒入杯里,无须搅拌。

(二)兑和法分类

兑和法分为两种,即直接兑和法和分层法。

(1)直接兑和法:将酒谱配方中的酒及其他材料依据标准分量直接倒入杯里,不需搅拌(见图 3-5)。

(2)分层法:根据酒水含糖量的不同,按照含糖量低到高的顺序将不同材料依次兑入杯中,形成层次。操作方法是将吧匙倒扣杯口并贴紧杯壁,依次将材料慢慢倒在吧匙背部,使其流入杯中,一层一层,最终出现分层效果(见图 3-6)。

图 3-5　龙舌兰日出

图 3-6　分层酒

二、兑和法操作程序

(一)兑和法使用工具

兑和法使用工具包括量酒器、吧匙、冰铲、冰夹、冰桶、载杯、杯垫、口布、吸管、搅拌棒等。

(二)兑和法规范操作程序

1.直接兑和法

(1)检查调制鸡尾酒所需材料与装饰物原料是否备齐、清洁、干净。

（2）检查载杯清洁情况，确保载杯无指纹、口红印迹、裂痕等。

（3）在载杯中先放入冰块。

（4）示酒，将酒瓶倾斜，与平面呈45°，将酒标正面朝向顾客，以展示调制所需酒水原料。

（5）开瓶，尽量握紧酒瓶，避免剧烈晃动。

（6）使用量酒器，按配方规定的量向载杯中倒入酒水原料。

（7）载杯口放入制作好的装饰物，再插入吸管与搅拌棒。

（8）将调制好的鸡尾酒放在杯垫上，并示意顾客慢用。

（9）将酒水原料归位，清洗调酒工具，最后整理吧台。

2.分层法

（1）检查调制鸡尾酒所需材料与装饰物原料是否备齐、整洁、干净。

（2）检查载杯清洁情况，确保载杯无指纹、口红印迹、裂痕等。

（3）示酒，将酒瓶倾斜，与平面呈45°，将酒标正面朝向顾客，以展示调制所需酒水原料。

（4）开瓶，尽量握紧酒瓶，避免剧烈晃动。

（5）根据个人习惯，一手拿吧匙，另一只手将装有酒水的量酒器贴着吧匙背面缓缓倒入载杯中，产生分层效果（见图3-7）。

图 3-7　分层法

（6）将调制好的鸡尾酒放在杯垫上，并示意顾客慢用。

（7）将酒水原料归位，清洗调酒工具，最后整理吧台。

（三）兑和法操作注意事项

（1）调制动作规范、流畅、有观赏性，避免滴洒浪费酒水情况发生。

（2）分层法：将吧匙斜插入杯中，吧匙背面朝上，紧贴载杯内壁；将酒液从吧匙背部缓缓倒入杯内；根据成品材料的含糖量大小逐次倒入杯中，将酒液分层调制。

（3）分层法出品要点：

①清楚知道鸡尾酒调制所需酒水材料的比重。

②各种酒比重不同，不可乱序。

③每完成一层需清洗擦干量酒器和吧匙后再继续使用。

④使用量酒器倒入酒水材料时，动作要轻，速度要慢，要避免摇晃，以防各层混合。

微课
▼

兑和法

⑤要求不同酒液之间的界限清晰。

⑥要求各分层高度大约相等，层次分明。

任务四　搅和法

一、搅和法含义

搅和法（Blending）是把酒水与冰块、菠萝、雪糕等块状水果和固体原料按酒谱配方标准份量放进电动搅拌机中，启动电动搅拌机运转 10 秒钟，然后连碎冰带混合酒水一起倒入载杯中。此方法可以制作出有冰沙、泡沫的饮品。用这种方法调制的酒水多使用平底高杯盛装。

二、搅和法操作程序

（一）搅和法使用工具

搅和法使用工具包括搅拌机、量酒器、冰铲、冰桶、载杯、杯垫、口布、吸管、搅拌棒等。

（二）搅和法规范操作程序

（1）检查调制鸡尾酒所需材料与装饰物原料是否齐全、整洁、干净；检查搅拌机是否安装齐全。

（2）检查载杯清洁情况，确保载杯无指纹、口红印迹、裂痕等。

（3）示酒，将酒瓶倾斜，与平面呈 45°，将酒标正面朝向顾客，以展示调制所需酒水原料。

（4）开瓶，尽量握紧酒瓶，避免剧烈晃动。

（5）使用量酒器，按配方规定的量往搅拌杯量入酒水原料。

（6）在搅拌杯内加入冰块（碎冰），最后倒入非酒类材料。

（7）将搅拌杯放进搅拌机中，启动搅拌机搅拌约 10 秒。

（8）将混合好的成品倒入载杯中，在载杯口放上制作好的装饰物，插入吸管与搅拌棒。

（9）将调制好的鸡尾酒放在杯垫上，并示意顾客慢用。

（10）将酒水原料归位，清洗搅拌机，最后整理吧台。

（三）搅和法操作注意事项

（1）插上电源，打开电源开关，指示灯亮，调整调速旋钮从左到右（由低速到高速）到所需搅拌的速度即可。

（2）使用完毕第一时间将搅拌杯清洗干净。

（3）电动搅拌机不工作时应切断电源，要确保安全，并保持仪器清洁干燥。

（4）当天营业结束时，对搅拌杯进行消毒。

（5）碳酸类饮料不可放入电动搅拌机。

（6）水果材料必须新鲜，固体原料需要用刀处理，尺寸以 1—2 立方厘米粒装为宜。

（7）冰块建议使用碎冰；如果有水果，先放入水果，再放入碎冰，以防水果氧化。

（8）调制动作规范、流畅、有观赏性，避免滴酒浪费酒水情况发生。

任务五　花式调酒技术

一、花式调酒概述

花式调酒起源于 20 世纪美国的 Friday（星期五餐厅），20 世纪 80 年代开始盛行于欧美各国，现在风靡全球。花式调酒也叫美式调酒，最大的特点是在传统的英式调酒过程中运用酒瓶、调酒壶、酒杯等调酒工具表演令人赏心悦目、吸引顾客注意力的调酒动作。其目的是活跃酒吧气氛，吸引顾客，提高娱乐性，增强观赏性，提高酒水销售量。

二、花式调酒与英式调酒的区别

英式调酒属于传统式调酒，花式调酒（美式调酒）属于现代式调酒，两者都是当今非常流行的调酒方式。两者都尊重传统鸡尾酒，即传承经典鸡尾酒的味道和特点，不断追求创新出特色的鸡尾酒。

花式调酒与英式调酒的区别主要表现在以下几个方面：

（一）表演场所

英式调酒常见于高星级酒店酒吧、高档餐厅或者咖啡厅；花式调酒出现的范围比较广泛，包括豪华邮轮、高档酒会、社会餐吧、酒吧等，花式调酒侧重表演性质强的场合。

（二）调酒用具

英式调酒使用传统的调酒用具，包括英式调酒壶、量酒器、吧匙等；花式调酒使用酒嘴、美式调酒壶等用具。

（三）调酒技术

摇和法、调和法、兑和法、搅拌法等英式调酒技术应严格遵循行业规范与操作标准；花式调酒由调酒师利用酒瓶、美式调酒壶等调酒用具自行设计抛、掷、转及喷火等类似杂技的动作，追求自由、创新。

知识链接

▼

"鼎盛诺蓝杯"第十一届全国旅游院校服务技能（饭店服务）大赛（鸡尾酒调制赛项）规则和评分标准

三、常见花式调酒的技术动作

花式调酒常以手部的动作表演为主,结合身体姿势的变化及脚步的移动。

(一)基本技术动作

(1)翻瓶(翻瓶是花式调酒的基础动作,要求左右手熟练掌握)。

(2)手心横向、纵向旋转酒瓶。

(3)抛掷酒瓶一周半倒酒。

(4)卡酒、回瓶(抛掷酒瓶一周半倒酒,卡酒、回瓶是花式调酒最常用的倒酒技巧,要求左右手熟练掌握)。

(5)直立起瓶。

(6)直立起瓶手背立。

(7)一周拖瓶(手背拖瓶锻炼酒瓶立于手背上时手的平衡技巧,要求左右手熟练掌握)。

(8)正面两周翻起瓶。

(9)正面两周倒手(正倒手是花式调酒最常用的倒手技巧)。

(10)抢抓瓶(抢抓瓶要求左右手熟练掌握)。

(11)手腕翻转瓶。

(12)背后直立起瓶。

(13)背后翻转酒瓶两周起瓶。

(14)反倒手。

(15)抛瓶一周手背立瓶。

(16)背后抛掷酒瓶(背后抛掷酒瓶是花式调酒中非常重要的)。

(17)绕腰部抛掷酒瓶。

(18)绕腰部抛掷酒瓶手背立。

(19)外向反抓。

(20)抛掷酒瓶击手拍瓶背后接。

(21)头后方接瓶。

(22)滚瓶。

(23)上抛、侧抛、背抛。

(24)抛瓶入壶。

(25)抛壶盖瓶。

(26)双指夹瓶。

(27)双手轮转抛瓶。

(二)组合技术动作

(1)翻瓶:1+2 翻瓶、2+3 翻瓶、3+4 翻瓶、1+2+3+4 翻瓶。

微课

▼

花式调酒
基础教学
(1)

微课

▼

花式调酒
基础教学
(2)

微课

▼

花式调酒
基础教学
(3)

Note

(2)抛掷酒瓶一周半倒酒＋卡酒＋回瓶。

(3)直立起瓶手背立＋拖瓶(60秒)＋两周撒瓶。

(4)正面翻转两周起瓶＋正面两周倒手＋一周半倒酒,卡酒,回瓶＋手腕翻转酒瓶＋抢抓瓶。

(5)背后直立起瓶＋反倒手＋翻转酒瓶两周背接。

(6)手抛瓶一周立瓶＋两周撒瓶＋背后抛掷酒瓶手背立。

(7)抛掷酒瓶外向反抓＋腰部抛掷＋转身拍瓶背后接。

(8)头后方接瓶＋滚瓶＋反倒手＋外向反抓＋腰部抛掷酒瓶＋转身拍瓶背后接。

 **教学互动**

1.角色扮演,模拟顾客点酒,模拟调酒师为顾客调制酒水。

2.教师对其进行点评。

 **行业资讯**

分子鸡尾酒

分子鸡尾酒,源于分子美食烹饪潮流,在调酒过程中利用一些物理和化学方法,针对食物和饮品研发出不同的特性和形态。分子调酒(Molecular Mixology),就是把酒的味道、口感、质地、外观等利用各种工具和手法完全打散,通过物理和化学的手段重新组合,设计出令人意想不到的美酒。

分子调酒可使用泡沫材料,如液态氮、凝胶剂、气雾等。世界各地有很多调酒师和机构专门从事分子调酒研究,还有一些机构和餐厅,专门研究分子美食。图3-8所示为固态分子鸡尾酒。

图3-8　固态分子鸡尾酒

项目小结　　本项目主要介绍英式与花式的调酒技术。学生重点掌握鸡尾酒的英式调制技术,能熟练运用英式调酒技术调制经典鸡尾酒,能融合英式与花式调酒技术创新设计鸡尾酒。

项目训练

一、知识训练

1.摇和法的含义及规范操作程序。

2.调和法的含义及规范操作程序。

3.兑和法的含义及规范操作程序。

4.搅和法的含义及规范操作程序。

5.英式调酒与花式调酒的区别。

二、能力训练

英式调酒技术的操作练习:按标准操作程序独立完成红粉佳人、干马天尼、金汤力、椰林飘香等鸡尾酒的调制。

(1)分组练习。2 人为一小组,扮演调酒师与顾客的角色,根据顾客点单,正确使用英式调酒操作程序完成不同鸡尾酒作品的调制。

(2)学生自评与互评。其他同学对每个人的表现进行组内分析讨论、组间对比互评,加深对英式调制技术操作程序及操作要求的理解与掌握。

(3)教师考评。教师对各小组的调制过程、鸡尾酒成品进行考评。然后把个人评价、小组评价、教师评价简要填入以下评价表中。

被考评人	
考评地点	
考评内容	

续表

内容	分值	自我评价/分	小组评价/分	教师评价/分
熟知鸡尾酒的配方	10			
熟悉掌握鸡尾酒的调制方法及原则	40			
熟记鸡尾酒准备工作、调制步骤及注意事项	20			
器具的正确使用	10			
操作姿势优美度	10			
成品度美观效果	10			
合计	100			

考评标准

项目四
酿出新精彩——酿造酒的鸡尾酒

 项目描述

从人类文明发展至今,已经出现了各种各样的酒,也发展了很多传统的酿酒技术。啤酒、黄酒、葡萄酒并称为"世界三大古酒",本项目将对啤酒、黄酒、葡萄酒的历史起源、酿造工艺等内容进行介绍,要求掌握以啤酒、黄酒、葡萄酒三大酿造酒为基酒的常见鸡尾酒。

 项目目标

知识目标

1. 描述啤酒、葡萄酒、黄酒的历史起源。
2. 总结啤酒、葡萄酒、黄酒的酿造工艺。
3. 复述啤酒、葡萄酒、黄酒的分类方法。
4. 描述葡萄酒的主要品种、著名产区。

能力目标

1. 正确完成啤酒、葡萄酒的酒水服务。
2. 熟练介绍啤酒、黄酒和葡萄酒的酒品特性。
3. 掌握以啤酒、葡萄酒、黄酒为基酒的鸡尾酒调制。

思政目标

1. 树立民族自信、文化自信。
2. 树立正确的历史观。
3. 培养精益求精、追求卓越的工匠精神和改革创新的时代精神。

知识导图

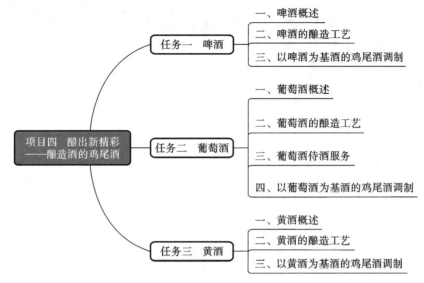

项目四　酿出新精彩
——酿造酒的鸡尾酒

任务一　啤酒
　　一、啤酒概述
　　二、啤酒的酿造工艺
　　三、以啤酒为基酒的鸡尾酒调制

任务二　葡萄酒
　　一、葡萄酒概述
　　二、葡萄酒的酿造工艺
　　三、葡萄酒侍酒服务
　　四、以葡萄酒为基酒的鸡尾酒调制

任务三　黄酒
　　一、黄酒概述
　　二、黄酒的酿造工艺
　　三、以黄酒为基酒的鸡尾酒调制

学习重点

1. 啤酒、葡萄酒的服务要点。
2. 啤酒、葡萄酒、黄酒的分类方法。

学习难点

1. 啤酒、葡萄酒、黄酒生产原料对其品质的影响。
2. 葡萄酒的主要品种以及著名产区。
3. 以酿造酒为基酒的鸡尾酒创新。

任务一　啤酒

一、啤酒概述

啤酒(Beer)是用麦芽、啤酒花、水、酵母发酵而成的含二氧化碳的低酒精度饮料的总称。我国的国家标准规定：啤酒是以麦芽、水为主要原料，加啤酒花(包括啤酒花制品)，经酵母发酵酿制而成的、含 CO_2 并可形成泡沫的发酵酒。

(一)啤酒的起源

啤酒的起源如图 4-1 所示。

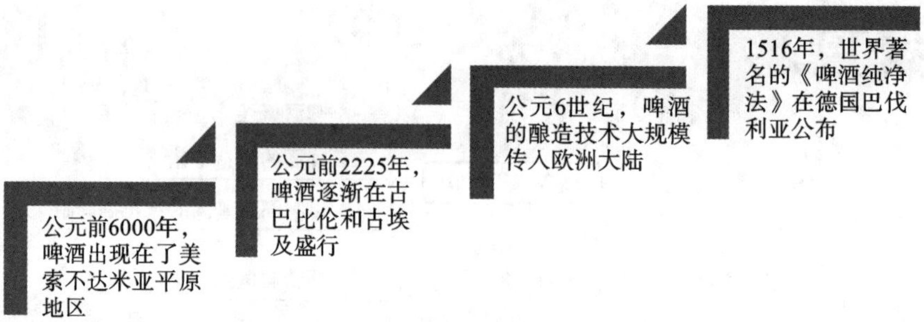

公元前6000年，啤酒出现在了美索不达米亚平原地区

公元前2225年，啤酒逐渐在古巴比伦和古埃及盛行

公元6世纪，啤酒的酿造技术大规模传入欧洲大陆

1516年，世界著名的《啤酒纯净法》在德国巴伐利亚公布

图 4-1　啤酒的起源

（二）啤酒的生产原料

啤酒的生产原料如表 4-1 所示。

表 4-1　啤酒生产原料

序号	类型	具体内容
1	大麦芽	大麦芽是发酵时的基本成分，通常被认为是"啤酒的骨架"，其比例和质量直接影响啤酒的风味和质量
2	酿造用水	啤酒酿造用水相对于其他酒类酿造用水要求高很多，用于制大麦芽和糖化的水与啤酒的质量密切相关
3	啤酒花	啤酒花被称为"啤酒之魂"，能够为啤酒提供独特的香气、清爽的苦味并维持啤酒泡沫的稳定
4	酵母	啤酒酵母分为上面啤酒酵母和下面啤酒酵母两种

（三）啤酒的分类

啤酒的分类如表 4-2 所示。

表 4-2　啤酒分类

序号	分类方法	内容	特点
1	颜色分类	淡色啤酒	外观呈淡黄色、金黄色或棕黄色
		浓色啤酒	外观呈红棕色或红褐色，产量比较小
		黑色啤酒	外观呈深红色至黑色，产量比较小
2	工艺分类	鲜啤酒	不经巴氏灭菌，保存期在 7 天以内
		熟啤酒	经过巴氏灭菌，保存期超过 3 个月
3	发酵特点	上发酵啤酒	啤酒成熟快，生产周期短，设备周转快，酒品具有独特风格，但产品保存期短
		下发酵啤酒	下发酵法生产时间长，但酒液澄清度较高，酒的泡沫细腻，风味柔和，保存期较长

续表

序号	分类方法	内容	特点
5	麦汁浓度	低浓度啤酒	麦汁浓度 2.5%—8%,乙醇含量 0.8%—2.2%
		中浓度啤酒	麦汁浓度 9%—12%,乙醇含量 2.5%—3.5%
		高浓度啤酒	麦汁浓度 13%—22%,乙醇含量 3.6%—5.5%
6	其他啤酒	纯生啤酒	不经热处理灭菌,可保存一段时间的啤酒
		全麦芽汁酒	生产啤酒的成本较高,但麦芽香味突出
		干啤酒	发酵度高,残糖低,二氧化碳含量高,具有口味干爽、杀口力强等特点
		扎啤	高级桶装鲜啤酒,非常杀口

(四)啤酒的饮用温度

啤酒不宜久藏,冰后饮用最为爽口,不冰则口味较苦涩,但饮用时温度过低无法产生气泡,尝不出奇特的口味,所以饮用前 4—5 小时冷藏最为理想。夏天时的适宜饮用温度为 6 ℃—8 ℃,冬天时适宜温度为 10 ℃—12 ℃。

(五)啤酒的服务要点

服务员在托盘上放一个干净加冰的啤酒杯及已开瓶的啤酒,托至餐桌旁。服务员左手托住托盘放在顾客身后的位置,右手握住杯子的底部,放在顾客的右边。服务员用右手拿起啤酒,酒瓶的标签面向顾客的方向,将啤酒倒入餐桌上的杯子中,倒啤酒时啤酒应沿对面的杯壁倒入杯中,斟倒速度不要太快,以免泡沫过多。酒液倒至杯的八分至九分满为止,杯子上部有一圈泡沫。如果瓶中啤酒未倒完,将瓶子放在餐桌上杯子的右边,酒瓶标签朝向顾客。

(六)啤酒质量的鉴别

啤酒质量的鉴别如图 4-2 所示。

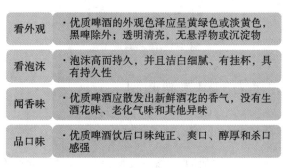

看外观	·优质啤酒的外观色泽应呈黄绿色或淡黄色,黑啤除外;透明清亮,无悬浮物或沉淀物
看泡沫	·泡沫高而持久,并且洁白细腻、有挂杯,具有持久性
闻香味	·优质啤酒应散发出新鲜酒花的香气,没有生酒花味、老化气味和其他异味
品口味	·优质啤酒饮后口味纯正、爽口、醇厚和杀口感强

图 4-2 啤酒质量的鉴别

(七)著名的啤酒品牌

著名的啤酒品牌如表 4-3 所示。

表 4-3　世界著名啤酒

序号	品牌	概况
1	喜力(Heineken)	荷兰喜力啤酒生产商是世界上具有国际知名度的啤酒集团之一
2	百威(Budweiser)	世界单一品牌销量较大的啤酒之一
3	科罗娜(Corona)	其销量进入世界啤酒前五位,也是深受我国啤酒爱好者喜爱的品牌
4	嘉士伯(Carlsberg)	嘉士伯啤酒生产商居世界领先地位的国际酿酒集团
5	贝克(Beck's)	德国出品的世界著名啤酒

除了表 4-3 所示内容,世界著名啤酒品牌还有爱尔兰生产的黑啤酒健力士(Guinness),日本生产的麒麟(Kirin)、朝日(Asahi)、三得利(Suntory),香港生产的生力(San Miguel)以及我国生产的青岛啤酒等。

二、啤酒的酿造工艺

啤酒的酿造工艺如图 4-3 所示。

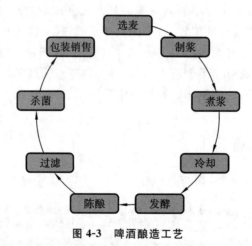

图 4-3　啤酒酿造工艺

三、以啤酒为基酒的鸡尾酒调制

(一)啤酒玛格丽特(Beer Margarita)

材料:特基拉 30 毫升、橙皮甜酒 20 毫升、青柠汁 15 毫升,水、科罗娜啤酒、冰块适量,青柠片。

用具:玛格丽特杯、鸡尾酒卡扣。

做法:在玛格丽特鸡尾酒制作完成的基础上,使用鸡尾酒卡扣将科罗娜啤酒倒置在玛格丽特杯上,啤酒会慢慢注入杯中。

(二)锅炉厂(Boilermaker)

材料:威士忌30毫升、啤酒240毫升。

用具:啤酒杯、小烈酒杯。

做法:将威士忌倒入小烈酒杯,接着将小烈酒杯投入装有啤酒的啤酒杯中即可。

(三)黑天鹅绒(Black Velvet)

材料:黑啤酒150毫升、香槟150毫升。

用具:啤酒杯。

做法:黑啤酒与香槟都需充分冰镇,同时注入酒杯即可。

任务二 葡萄酒

一、葡萄酒概述

(一)葡萄酒的起源与发展

1.世界葡萄酒的起源与发展

世界葡萄酒的起源与发展如表4-4所示。

表4-4 世界葡萄酒的起源与发展

时间	地点	具体内容
7000年前	小亚细亚里海和黑海之间及其南岸地区	多数历史学家认为波斯(今伊朗)是最早酿造葡萄酒的国家
6000年前	埃及Phta-Hotep墓址	壁画中出现古埃及人们采摘葡萄和酿造葡萄酒的场景
3000年前	希腊	欧洲开始种植葡萄并进行葡萄酒酿造
公元前6世纪	高卢(现在的法国)	希腊人把原产于小亚细亚的葡萄酒通过马赛港传入法国

续表

时间	地点	具体内容
公元前 450 年	意大利	十二铜表法(Twelve Tables)颁布
15 世纪至 16 世纪	葡萄栽培和葡萄酒酿造技术传入南非、澳大利亚、新西兰、日本、朝鲜和美洲等地	
19 世纪中叶	美国葡萄和葡萄酒生产的大发展时期	
现在	南北美洲均有葡萄酒生产 阿根廷、美国的加利福尼亚州以及智利均为世界知名的葡萄酒产区 著名的葡萄酒产区遍及全世界	

2.中国葡萄酒的起源与发展

中国葡萄酒的起源与发展如表 4-5 所示。

表 4-5　中国葡萄酒的起源与发展

序号	时间	具体内容
1	汉代(公元前 206 年)前	已用葡萄并酿造葡萄酒
2	公元前 138 年	张骞出使西域带回欧亚种葡萄和葡萄酿酒技术
3	唐朝	葡萄酒在当时颇为盛行,酿造技术从宫廷走向民间
4	元朝	中国葡萄酒酿造水平达到了鼎盛
5	明朝	蒸馏白酒开始成为中国酿酒产品的主流,葡萄酒日渐式微
6	清末民国初	1892 年,爱国侨领张弼士先生在烟台创办了张裕酿酒公司,中国葡萄酒工业化的序幕由此拉开

(二)葡萄酒的分类

国际葡萄和葡萄酒组织(简称 OIV)将葡萄酒分为两大类,即葡萄酒和特殊葡萄酒。

1.葡萄酒

1)按葡萄酒的颜色分类

(1)红葡萄酒:以红色或紫色葡萄为原料,连皮带籽进行发酵,然后进行分离、陈酿而成。成酒中含有较高的单宁和色素成分。酒液为紫红、深红或宝石红色等。

（2）白葡萄酒：以皮汁分离后的葡萄汁为原料发酵酿制而成。酒液一般为浅黄带绿。

（3）桃红葡萄酒：风格介于红白葡萄酒之间，皮汁短期混合发酵，达到色泽要求后进行皮渣分离继续发酵陈酿。酒液为淡玫瑰红色、桃红色或粉红色等。

2）按含糖量分类

将葡萄酒按含糖量分类，可分为干型、半干型、半甜型、甜型葡萄酒。（见表 4-6）

表 4-6 葡萄酒含糖量分类表

类别	每升含糖量/g	特点
干酒	<4	一般尝不到甜味
半干酒	4—12	能分辨出微弱的甜味
半甜酒	12—45	有明显的甜味
甜酒	>45	有浓厚甜味

2.特殊葡萄酒

特殊葡萄酒指对鲜葡萄、葡萄汁在酿造过程或酿造后进行某些加工而生产出的葡萄酒。其特性不仅来自葡萄本身，还来自所用的酿造技术。

1）加香葡萄酒

加香葡萄酒是指在葡萄酒中加入果汁、药草、甜味剂等制成的葡萄酒。有的还加入酒精或砂糖，如味美思。

2）加强葡萄酒

加强葡萄酒是指在葡萄酒发酵之前或发酵中加入部分白兰地或食用酒精，抑制发酵而制成的葡萄酒。成品比一般葡萄酒酒精度和糖度更高。如波特酒、雪利酒、玛德拉酒、玛萨拉酒。

3）起泡葡萄酒

起泡葡萄酒是指在 20 ℃时，二氧化碳压力不小于 0.03 MPa 的葡萄酒。起泡葡萄酒中，法国香槟地区运用传统二次发酵法生产的起泡葡萄酒才能称为香槟。

4）加气葡萄酒

加气葡萄酒与起泡葡萄酒非常相似，但酒液中所含有的二氧化碳气体是通过人工方法加入的。

5）贵腐葡萄酒

贵腐葡萄酒用受到贵腐霉菌侵害的白葡萄酿成，由于贵腐霉菌附着在成熟葡萄上，吸取了葡萄颗粒里的水分，留下很浓的甜味和香味，就像葡萄干一样，用这样的葡萄酿制的酒糖分很高，而且由于贵腐霉菌的"参与"，酒液有一些神秘的香味。

6）冰葡萄酒

冰葡萄酒起源于德国，是葡萄在葡萄园里自然冰冻，在－7 ℃状态下采摘、压榨后发酵制成的葡萄酒。德国、加拿大、奥地利是冰葡萄酒较著名的产地，我国有些地区也有生产。

（三）葡萄酒的成分

葡萄酒是以新鲜葡萄或葡萄汁为原料，经酵母发酵酿制而成的酒精度不低于7％vol的酒精饮料的总称。主要成分是水、酒精、单宁、糖、酸、色素及一些其他物质如酚类、脂肪酸、芳香物质等。

1）葡萄皮

含单宁、色素、酚类物质、芳香物质、纤维、果胶等。

（1）单宁：影响葡萄酒的结构和成熟特性。单宁含量多少决定葡萄酒是否经久耐藏，单宁含量高则可久存，单宁含量低的要尽快饮用。

（2）色素：葡萄酒颜色的来源，主要是花青素等。

（3）酚类物质：酚类物质种类较多，主要有白藜芦醇。

（4）芳香物质：葡萄酒香气的主要来源。

2）果肉

含水分、糖分、有机酸和矿物质。

3）葡萄籽

含单宁、油脂、树脂、挥发酸等其他物质。

（四）影响葡萄酒品质的因素

葡萄酒是人和自然关系的产物，是人在一定的气候、土壤等生态条件下，采用相应的栽培技术，种植一定的葡萄品种，收获其果实，通过相应的工艺进行酿造的结果。因此，原产地的生态条件、葡萄品种以及所采用的栽培、采收、酿造方式等，决定了葡萄酒的质量和风格。

（1）葡萄品种：葡萄是葡萄酒酿造的唯一原料，葡萄品种是决定葡萄酒味道的重要的因素。

（2）自然条件：包括土壤条件、气候、年份等。不同的自然条件会影响葡萄原料的质量并最终在其酿造的葡萄酒的品质上体现出来。

（3）酿造技术：酿造技术是决定葡萄酒味道和品质的另一个重要因素。

（五）常见的葡萄品种

全世界有超过8000种葡萄，但可以酿制上好葡萄酒的葡萄只有50种左右。

酿酒葡萄可以分为红葡萄和白葡萄两种。红葡萄品种颜色有黑色、蓝色、紫红色、深红色等，果肉和白葡萄果肉一样是无色的。白葡萄品种颜色有青绿色、黄色等，主要用来酿造白葡萄酒和起泡酒。常见的酿酒葡萄品种如表4-7所示。

Note

表 4-7　常见的酿酒葡萄品种

序号	分类	品种	概况	特点
1	红葡萄品种	赤霞珠（Cabernet Sauvignon）	起源于法国波尔多，是世界上种植面积较大的葡萄品种，全球都有种植	酒的口感由适中到丰满；单宁含量丰富，口感酸涩；具有黑色水果（黑醋栗、黑樱桃、黑莓）、青椒、薄荷、雪茄等的香气，陈年之后有菌菇类、干树叶、动物皮毛和矿物的香气
2		黑皮诺（Pinot Noir）	原产法国勃艮第，是法国酿造香槟与桃红葡萄酒的主要品种	酒液颜色较浅，酒体轻盈，单宁含量低，酸度高，果味明显，适合久藏；有樱桃、草莓的香气，陈年后有香料及动物、皮革香味
3		梅洛（Merlot）	在法国，梅洛经常混合赤霞珠酿造，在"新世界"，梅洛一般用于单一品种酿制	酒体丰满，酸度适中，酒精含量高，单宁含量适中，口感柔顺圆润，更容易入口；在较凉爽地区呈红色水果（红樱桃、草莓、李子）的香气，炎热气候下呈黑色水果（黑莓、黑李子）香气
4		西拉（Syrah/Shiraz）	原产法国，果皮颜色较深	颜色深，酒体丰满，单宁含量重，酸度较高，口感浓郁，香气明显，呈黑色水果、黑巧克力和黑胡椒香气
5	白葡萄品种	霞多丽（Chardonnay）	原产勃艮第，是勃艮第优质白葡萄酒产区内的唯一葡萄品种	金黄色，酒精含量高，口感丰富，酒香馥郁，余味绵长。气候凉爽地区呈青苹果、青柠檬香气；稍微温暖地区，呈现桃子、水梨类香气；炎热地区呈柠檬、菠萝、芒果和无花果香气；经橡木桶陈酿后散发烤榛子、烤面包和坚果香气
6		雷司令（Riesling）	德国品质优异的葡萄品种	酒精含量较低，酸度高，风格多样，从干酒到甜酒，从优质酒、贵腐酒到顶级冰酒各种级别都能酿造，适合久藏。典型香气有花香、蜂蜜香、矿物质香。酒体经过数年的窖藏会出现特有的汽油香
7		长相思（Sauvignon Blanc）	主要用于单一品种酿制，也可混合酿制	酒液呈浅黄色，酒精含量较高，酸度高，香气浓郁，不适合陈年酿造，呈百香果、柠檬、柚子、芦笋、青草香气
8		赛美蓉（Semillon）	主要种植于法国波尔多地区、澳大利亚等地	皮薄，呈金黄色，容易感染灰霉菌，所以大部分用来酿造甜型葡萄酒。酿制的白葡萄酒颜色金黄，酒体较重，口感厚重圆润，成熟后有蜂蜜和蜂蜡的香气

(六)著名葡萄酒产区

全球很多国家都产葡萄酒,大多数葡萄园位于南北纬 30°—50°,这一地带称为"黄金纬度带"。在葡萄酒领域,我们把葡萄酒产地分为两大阵营,分别以"旧世界"和"新世界"来称谓。

"旧世界"国家以现在欧洲版图内的葡萄酒产区为主要代表,主要有法国、意大利、德国、西班牙和葡萄牙,以及匈牙利、捷克、斯洛伐克等国家。"旧世界"产区酿酒历史悠久又注重传统,从葡萄品种的选择到葡萄的种植、采摘、压榨、发酵、调配、陈酿等各个环节,都严格遵守规矩传统,遵从几百年乃至上千年的传统,甚至是家族传统。旧世界葡萄酒产区必须遵循政府的法规酿酒,每个葡萄园都有固定的葡萄产量,产区分级制度严苛,难以更改,用来酿制销售的葡萄酒只能是法定的葡萄品种。

"新世界"国家以美国、澳大利亚为代表,还有南非、智利、阿根廷和新西兰等欧洲之外的葡萄酒新兴国家。与"旧世界"产区相比,"新世界"产区生产国以市场为导向,更富有创新和冒险精神。(见表 4-8)

表 4-8 "新世界""旧世界"葡萄酒对照表

项目	"旧世界"	"新世界"
规模	以传统家庭经营模式为主,规模较小	公司与葡萄种植的规模都比较大
工艺	比较注重传统的酿造工艺	注重科技运用与管理
口味	以优雅型为主,较为注重多种葡萄混合与平衡	以果香型为主,突出单一葡萄品种风味,风格热情开放
葡萄品种	世代相传的葡萄品种	自由选择葡萄品种
包装	注重标示产地,风格较为典雅与传统	注重标示葡萄品种,包装色彩较为鲜明
管制	有法定分级制度	没有分级制度,但会注明优质产区以凸显其品质

二、葡萄酒的酿造工艺

(一)葡萄酒酿造的基本过程

葡萄酒酿造的基本过程如图 4-4 所示。

(二)桃红葡萄酒的酿造

桃红葡萄酒风格介于红白葡萄酒之间,其常见酿造方法有三种:

(1)酿造过程与红葡萄酒相似,只是葡萄皮和葡萄汁接触的时间比红葡萄酒短,一般在 12—36 小时,轻微地萃取颜色和一部分单宁。这是桃红葡萄酒酿造普遍采用的方法。

知识链接

世界著名葡萄酒产区介绍

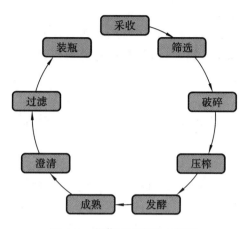

图 4-4　葡萄酒酿造基本过程

（2）放血法，即将葡萄浸渍 12—24 小时后，用从发酵罐中排出的一部分浅色的葡萄来酿造桃红葡萄酒。

（3）将发酵好的红葡萄酒和白葡萄酒混合，调制出桃红葡萄酒。这种做法在很多地区是禁止的，但香槟地区一般使用这种方法酿造桃红香槟。

三、葡萄酒侍酒服务

（一）红葡萄酒侍酒服务

红葡萄酒侍酒服务一般由示酒、开酒、醒酒、鉴酒、斟酒、添酒环节组成。需要注意的是，并不是每一次侍酒服务都需完成所有环节。侍酒服务所需用到的酒具和酒器主要有酒篮（架）、醒酒器、开瓶器、酒帽、倒酒器等。红葡萄酒的最佳侍酒温度为 10 ℃—15 ℃。

1. 示酒

侍者用酒篮（架）或徒手持酒站在顾客右侧，将红葡萄酒在顾客正前方展示，并报出酒名、产地（酒庄）及年份，请顾客确认。

2. 开酒

红葡萄酒用橡木塞封口，开瓶时需用专用的开瓶器。开瓶器从简易到复杂，有 T 形开瓶器、蝶形开瓶器、海马刀开瓶器、兔头式开瓶器、气压开瓶器等。下面以常用的海马刀开瓶器为例，介绍红葡萄酒的开瓶方法。

（1）用酒刀（或者专用的铝箔刀）沿着瓶口突起的下缘，割开酒帽。

（2）取掉酒帽，用洁净且不带香味的软布或者口布擦拭瓶口。

（3）将螺旋钻钻入橡木塞，通过开瓶器上的杠杆，将木塞轻轻拔起。

（4）闻一下木塞，判断是否有异味，以确定葡萄酒是否变质，检查瓶口有没有掉下来的软木屑，用口布擦拭后即可准备倒酒。

（5）将取下的酒帽和橡木塞放在面包盘里，置于顾客的右手边。

3.醒酒

服务员将酒瓶中的葡萄酒倒入醒酒器,一方面分离出酒液中的沉淀物,另一方面让葡萄酒与氧气接触,以释放其本身的香气与风味的过程。对于高酸并且高单宁的"年轻"葡萄酒、产生沉淀的陈年葡萄酒、酒体厚重的白葡萄酒,醒酒是不可或缺的侍酒步骤。

4.鉴酒

给主人杯中倒入 30 毫升酒液,请主人品鉴,待主人认可酒质后,方可为客人斟酒。

5.斟酒

斟酒时注意保持瓶口(醒酒器口)距离杯 2 厘米,且酒标正对客人。红葡萄酒常规的斟酒量是 1/2 杯,斟酒时遵循先长者优先、女士优先、先宾后主、顺时针斟倒的原则。

6.添酒

当主人、客人杯中酒水少于 1/3 时,应及时为主人、客人添加酒水。

(二)白葡萄酒侍酒服务

白葡萄酒与红葡萄酒的侍酒服务方式有相似之处,白葡萄酒侍酒服务时,冰镇是不可或缺的步骤(尤其在夏季)。白葡萄酒侍酒服务一般由边台准备、示酒、冰镇、开酒、鉴酒、斟酒、添酒等环节组成。侍酒服务所需用到的酒具和酒器主要有冰桶、冰块、口布、酒杯、开瓶器、酒帽等。

1.边台准备

准备好冰桶、冰桶架,摆放在主人与客人之间稍靠后的位置,以方便服务。冰桶中放入冰块或少量水,冰和水不超过冰桶的 2/3,将干净口布叠好后放在冰桶上。

2.示酒

与红葡萄酒侍酒服务中的示酒相同。

3.冰镇

冰镇白葡萄酒时,首先将酒瓶斜插入冰桶中,然后计算冰镇时间。白葡萄酒的最佳饮用温度是 8 ℃—13 ℃。一般情况下,每冰镇 1 分钟,酒液温度下降 1 ℃,侍者要适时根据室温和最佳饮用温度,计算出冰镇时间。

冰镇酒杯有两种方法:一种是用冰柜冰镇,另一种是用冰块冰镇。

4.开酒

与红葡萄酒侍酒服务要求相同。

5.鉴酒

与红葡萄酒侍酒服务要求相同。

6.斟酒

白葡萄酒斟酒姿态、顺序、技巧参考红葡萄酒要求。白葡萄酒的一般斟酒量是 2/3 杯。为所有人斟完酒后,将酒瓶轻轻放回冰桶内,配上口布。

7.添酒

当顾客杯中酒水少于 1/3 时,应及时添加白葡萄酒。需注意的是,将酒瓶从冰桶中抽出时,须用口布将酒瓶外侧的水擦干。

（三）起泡酒侍酒服务

下面以香槟为例，介绍起泡酒的侍酒服务。

香槟的侍酒流程参照白葡萄酒侍酒流程，需要区别处理的有以下几点。

1. 最佳侍酒温度

香槟的最佳饮用温度为 6 ℃—10 ℃，将香槟提前冰镇 4 小时左右为最佳。香槟储存对环境要求很高，应置于凉爽环境中避光储存，最佳储存温度为 4 ℃—15 ℃。

2. 开瓶

香槟也是用橡木塞封口，橡木塞外箍扎一个铁圈，铁圈外有锡箔包装包住瓶口，因此在开瓶时，较葡萄酒略有不同，步骤如下：

（1）去锡箔。

（2）去铁圈。铁圈的作用是避免木塞弹出，去除时找出铁圈呈圆形的部分，拨开瓶口锡箔包装，松开铁圈圆形口。

（3）木塞慢慢往上推，转动瓶子，慢慢地让木塞前段稍稍倾斜，酒瓶内气压会将木塞慢慢往上推。注意整个过程需用大拇指压住木塞，以免木塞冲出伤到他人。

3. 斟酒

香槟的斟酒方式决定了香槟的品鉴口感。斟酒时，应尽可能地倾斜酒杯，将酒瓶紧靠杯沿，让酒液顺着杯壁慢慢地流下去，这样就能够减少杯中气泡的产生，从而更多地保留香槟的风味。斟酒时，应分两次斟，第一次先斟上 1/3 杯，等泡沫平息后，再斟至 3/4 杯。

四、以葡萄酒为基酒的鸡尾酒调制

（一）贝里尼（Bellini）

材料：普罗塞克、桃子利口酒、红石榴糖浆。

用具：香槟杯。

做法：将桃子利口酒、红石榴糖浆倒入杯中搅匀，再倒入普罗塞克起泡酒，轻轻搅匀后即可。

（二）皇家基尔（Kir Royal）

材料：香槟或起泡酒、黑醋栗利口酒。

用具：香槟杯。

做法：将黑醋栗利口酒倒入冰过的杯中，倒入香槟或起泡酒，轻轻搅匀后即可。

（三）含羞草（Mimosa）

材料：香槟、橙汁。

用具：香槟杯。

做法：在酒杯中倒入香槟，再注入橙汁，注满后轻轻搅匀后即可。

任务三　黄酒

一、黄酒概述

（一）黄酒的起源

黄酒是世界上古老的酒类之一，源于中国，且唯中国有之，与啤酒、葡萄酒并称"世界三大古酒"。约在 3000 多年前的商朝，中国人就创造了酒曲复式发酵法，开始大量酿制黄酒。黄酒以稻米、黍米为原料，一般酒精度为 10％vol—20％vol，属于低度酿造酒。黄酒含有 21 种氨基酸，包括人体自身不能合成必须依靠食物摄取的 8 种必需氨基酸。

在国家标准（GB/T 17204—2021）中，传统黄酒的定义是以稻米、黍米、玉米、小米，小麦、水等为主要原料，经过蒸煮、加酒曲、糖化、发酵、压榨、过滤、煎酒（除菌）、贮存、勾调而成的酒。

（二）黄酒的分类

经过数千年的发展，黄酒家族的成员不断扩大，品种琳琅满目。主要分类有以下几种。

1. 按含糖量分类

按含糖量分类，黄酒的分类如表 4-9 所示。

表 4-9　黄酒含糖量分类表

类别	每升含糖量/g	种类
干型	<15	元红
半干型	15—40	加饭
半甜型	40—100	善酿
甜型	>100	香雪

2. 按酿造工艺分类

按酿造工艺分类，黄酒可分为以下几种。

（1）淋饭酒。

在酿酒过程中，米饭蒸好后用冷水淋凉，这种方法就叫作淋饭法，采用淋饭法酿成的酒就叫作淋饭酒。这种酒的口味比较淡，但出酒率比较高。在绍兴酒的酿造过程中，淋饭酒主要用作酿酒时接种用的酒母，所以又叫淋饭酒母。

（2）摊饭酒。

在酿酒过程中，将蒸熟的米饭摊在竹篾上，依靠自然温差使米饭冷却降温，这种操作方法就叫作摊饭法。采用摊饭法酿成的酒就叫作摊饭酒。绍兴酒中的元红、加饭、善

Note

酿等都是采用摊饭法酿制而成的。

（3）喂饭酒。

这是我国古代留下来的一种遵循科学原理而酿成的酒。在发酵过程中采取分批加入米饭的方式，以便于酒的发酵菌繁殖培养，同时控制好发酵温度，所以这种酿酒法叫作喂饭法。

3.按原料和酒曲分类

按原料和酒曲分类，黄酒可分为以下几种。

（1）糯米黄酒。

糯米黄酒是以酒药和麦曲为糖化剂、发酵剂酿造的黄酒，主要产于我国南部地区。

（2）黍米黄酒。

黍米黄酒是以米曲霉制成的麸曲为糖化剂、发酵剂酿造的黄酒，主要产于我国北方地区。

（3）大米黄酒。

大米黄酒是一种改良的黄酒，是以米曲加酵母为糖化剂、发酵剂酿造的黄酒，主要产于我国吉林、山东地区。

（4）红曲黄酒。

红曲黄酒是以糯米为原料，红曲为糖化剂、发酵剂酿造的黄酒，主要产于我国福建、浙江地区。

二、黄酒的酿造工艺

黄酒酿造的基本过程如图 4-5 所示。

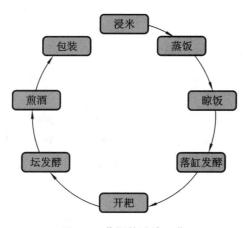

图 4-5　黄酒的酿造工艺

三、以黄酒为基酒的鸡尾酒调制

1.浮生

材料：喂饭酒、接骨木利口酒、百香果糖浆、蛋清、蜂蜜。

用具：鸡尾酒杯。

做法：将以上材料放入调酒壶中充分摇和后，滤进杯中即可。

知识链接
▼

主要黄酒
名品介绍

2.朝露

材料：喂饭酒、接骨木利口酒、起泡米酒。

用具：柯林杯。

做法：先将喂饭酒、接骨木利口酒倒进放了冰块的杯子，搅拌直到加饭酒降温，再加满冰块，倒入起泡米酒混合即可。

 行业资讯

中国葡萄酒 当今世界殊

宁夏拥有全国最大的集中连片酿酒葡萄产区、拥有全国唯一的葡萄酒省一级管理机构、有获国家批准的《宁夏国家葡萄及葡萄酒产业开放发展综合试验区建设总体方案》、曾多次被欧洲权威机构评为中国葡萄酒明星产区，凭借这些核心竞争优势，宁夏贺兰山东麓葡萄酒产区已成为国内外资本关注的焦点，保乐力加、长和翡翠、酩悦轩尼诗、德龙酒业、银色高地等国际知名酒业资本争相入驻宁夏，有力推动了宁夏葡萄酒产业链、价值链的品牌化、高端化。

地处北纬 $37°43'—39°23'$ 的酿酒葡萄生产"黄金地带"和海拔1100米左右的种植酿酒葡萄"黄金海拔"，依山傍水，日照充足，热量丰富，砂石土壤，富含矿物质，昼夜温差大，独特的自然禀赋和特有的风土条件，造就了宁夏葡萄酒色泽鲜明、甘润平衡、香气馥郁、酒体饱满的中国特征和东方特质。

 教学互动

以小组为单位，调研市场上常见的啤酒、黄酒及葡萄酒种类及品牌，形成调研报告，教师对其调研内容进行点评和总结。

项目
小结

通过本项目的学习，了解啤酒、葡萄酒、黄酒的主要生产工艺、产地和主要品种及特点，了解以啤酒、葡萄酒、黄酒为基酒的鸡尾酒配方和调制方法，熟悉啤酒的饮用要求，掌握葡萄酒的侍酒服务。

 项目
训练

一、知识训练

1.根据发酵特点分类，啤酒可以分为哪些种类？每种类型分别有哪些代表酒款？

2.葡萄酒如何进行分类？世界著名的葡萄酒产地和主要品种有哪些？

Note

3.黄酒的主要种类和代表名品有哪些?

二、能力训练

1.葡萄酒侍酒服务训练

(1)分组练习。4人为一小组,轮流进行红葡萄酒、白葡萄酒、起泡葡萄酒的侍酒服务流程练习。

(2)评分环节。小组内成员进行互评,教师对各组训练中出现的问题进行讲评、打分,填入下表。

项目	评分内容	分值	得分
准备工作	根据不同类型葡萄酒进行准备工作 示酒(酒名、产地(酒庄)及年份)	30	
侍酒服务	酒帽去除 海马刀开瓶器的使用 橡木塞完整	40	
斟倒服务	持瓶手势 斟酒酒量 滴漏抛洒	30	

项目五
蒸出新美味——蒸馏酒的鸡尾酒调制

 项目描述

　　蒸馏酒是以谷物、薯类、蜜糖等为主要原料,经发酵、蒸馏、陈酿、调配而制成,酒精度一般为40%vol—96%vol。因原料和制作工艺不同,蒸馏酒的种类数不胜数,风格迥异,世界七大蒸馏酒分别是白兰地、威士忌、伏特加、金酒、朗姆酒、特基拉、中国白酒。调酒师应根据顾客的不同需求,运用其掌握的酒水知识,准确为顾客调制鸡尾酒,尽可能提高顾客满意度。

 项目目标

知识目标
1. 熟悉七大蒸馏酒的基本知识。
2. 掌握以七大蒸馏酒为基酒的鸡尾酒调制方法。

能力目标
1. 能准确根据顾客的要求进行鸡尾酒调制。
2. 在酒吧服务过程中,能为顾客介绍相关酒水知识。

思政目标
1. 树立精益求精、追求极致服务的工匠精神。
2. 建立崇尚劳动、尊重劳动的价值观。

知识导图

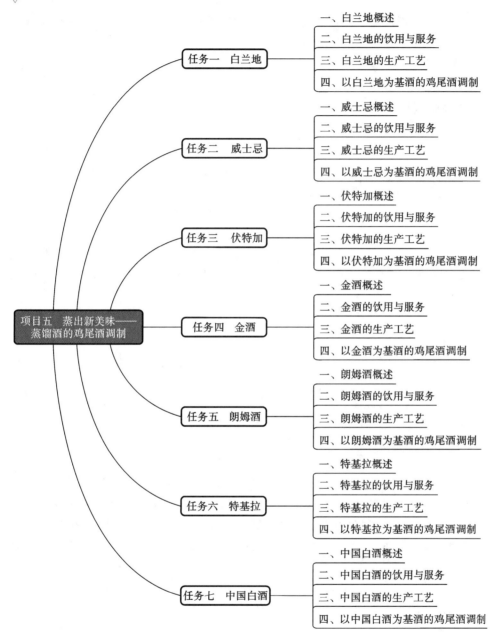

项目五　蒸出新美味——蒸馏酒的鸡尾酒调制

任务一　白兰地
- 一、白兰地概述
- 二、白兰地的饮用与服务
- 三、白兰地的生产工艺
- 四、以白兰地为基酒的鸡尾酒调制

任务二　威士忌
- 一、威士忌概述
- 二、威士忌的饮用与服务
- 三、威士忌的生产工艺
- 四、以威士忌为基酒的鸡尾酒调制

任务三　伏特加
- 一、伏特加概述
- 二、伏特加的饮用与服务
- 三、伏特加的生产工艺
- 四、以伏特加为基酒的鸡尾酒调制

任务四　金酒
- 一、金酒概述
- 二、金酒的饮用与服务
- 三、金酒的生产工艺
- 四、以金酒为基酒的鸡尾酒调制

任务五　朗姆酒
- 一、朗姆酒概述
- 二、朗姆酒的饮用与服务
- 三、朗姆酒的生产工艺
- 四、以朗姆酒为基酒的鸡尾酒调制

任务六　特基拉
- 一、特基拉概述
- 二、特基拉的饮用与服务
- 三、特基拉的生产工艺
- 四、以特基拉为基酒的鸡尾酒调制

任务七　中国白酒
- 一、中国白酒概述
- 二、中国白酒的饮用与服务
- 三、中国白酒的生产工艺
- 四、以中国白酒为基酒的鸡尾酒调制

学习重点

1. 理解七大蒸馏酒的含义。
2. 掌握七大蒸馏酒的服务操作。
3. 掌握以七大蒸馏酒为基酒的鸡尾酒调制。

学习难点

1. 七大蒸馏酒的生产原料、类别、重要产区和常见知名品牌。
2. 以七大蒸馏酒为基酒的鸡尾酒配方。
3. 按照标准配方调制鸡尾酒。

项目导入

周五晚上，广州某五星级酒店宴会厅正在举办一场新产品发布主题酒会。酒水展区，一名调酒师调出了色彩斑斓、风格各异的酒款，吸引了不少与会嘉宾。一名嘉宾非常感兴趣，指着一款鸡尾酒说："这款鸡尾酒是什么名字啊？"调酒师笑着回答道："玛格丽特。"该嘉宾又问："这款酒为什么叫这个名字呢？"调酒师尴尬地看着顾客，无言以对。

★剖析：一位专业的调酒师，要掌握七大蒸馏酒以及以其为基酒的鸡尾酒的知识，要能根据顾客需求，迅速调制经典鸡尾酒或创意鸡尾酒，并自信准确地向顾客进行介绍，为顾客提供专业的酒水服务。

任务一　白兰地

一、白兰地概述

"白兰地"来源于荷兰语 Brandewijn，意为可燃烧的酒。白兰地（Brandy）有广义和狭义之分。从广义上讲，所有以水果为原料，经过发酵、蒸馏而成的酒都称为白兰地。狭义上，白兰地是指以葡萄为原料，经发酵、蒸馏、贮存、调配而成的酒。若以其他水果为原料制成的蒸馏酒，则在白兰地前面冠以水果的名称，如苹果白兰地、樱桃白兰地等。

（一）法国白兰地

法国白兰地种类非常多，具有代表性的是干邑和雅文邑。

1. 干邑

干邑（Cognac）既是白兰地的代表酒品，也是世界公认的最佳白兰地产地。

1）干邑白兰地产区

1938 年，法国原产地名协会和干邑同业管理局根据 AOC 法和干邑地区内的土质及生产的白兰地的质量和特点，将干邑分为六个酒区：大香槟区（Grande Champagne）、小香槟区（Petite Champagne）、边林区（Borderies）、优质林区（Fins Bois）、良质林区（Bons Bois）、普通林区（Bois Ordinaires）。其中，大香槟区仅占总面积的 3%，小香槟区约占 6%，两个地区的葡萄产量特别少。根据法国政府规定，只有用大、小香槟区的葡

Note

萄混酿而成的干邑,才可称为特优香槟干邑(Cognac Fine Champagne),而且大香槟区葡萄所占的比例必须在50%以上。大香槟区所生产的干邑白兰地,可冠以"Grande Champagne Cognac"字样,这种白兰地均属于干邑中的极品。

2)干邑白兰地的质量等级

用于出售的干邑,在蒸馏结束之后要在橡木桶中至少陈酿两年。酒龄从蒸馏结束后开始计算,即葡萄收获季节的第二年4月1日起,在橡木桶中陈酿过两年。干邑装瓶后,经历的时间不再计入酒龄。1983年8月23日,法国政府颁布了用于描述干邑酒龄的标准方法,以使用勾兑白兰地中陈酿时间最短的酒的酒龄为准。

干邑酒质量分如下几个等级:陈年老酒VS(Very Special),一般陈酿3年。长年陈酿老酒VSOP(Very Superior Old Pale),酒色透亮,陈酿4年。XO(Extra Old),是干邑极品,XO混酿酒液中陈酿时间最短的基酒的酒龄在橡木桶中存放的时间至少10年。有些厂家把生产出的白兰地用星级划分;还有些厂家用"拿破仑"(Napoleon)表示质量,一般拿破仑白兰地都是陈酿6年以上的优质酒品。

干邑质量常用字母含义如下:

E代表Especial特级;

F代表Fine精美;

V代表Very充分;

O代表Old陈年的;

S代表Superior高级;

P代表Pale淡色及清澈;

X代表Extra特醇。

2.雅文邑

具有"加斯科涅液体黄金"美誉的雅文邑白兰地(Armagnac),它和干邑都是世界优秀的白兰地酒品,风格独特,也是著名白兰地产地。雅文邑位于法国加斯科涅地区,只有在这一地区生产的葡萄酒蒸馏成的白兰地才能冠名"雅文邑"。其蒸馏过程必须在严格控制的条件下进行。雅文邑基本和干邑的生产方式相同,即用蒸馏罐间歇式蒸馏的方法。根据法律规定,雅文邑至少陈酿2年才可以冠以VO和VSOP的等级标志,Extra表示陈酿5年。

雅文邑大多呈琥珀色,色泽深暗,酒香浓郁,回味悠长。

法国知名白兰地品牌如表5-1所示。

表5-1　法国知名白兰地品牌

序号	名称	图示
1	轩尼诗 Hennessy	

续表

序号	名称	图示
2	马爹利 Martell	MARTELL COGNAC
3	人头马 Remy Martin	RÉMY MARTIN FINE CHAMPAGNE COGNAC
4	拿破仑 Courvosier	COURVOISIER
5	卡慕 Camus	CAMUS COGNAC
6	夏博 Chabot	Chabot
7	百事吉 Bisquit	Bisquit COGNAC Classique
8	卡斯塔浓 Castagnon	Armagnac Castagnon

（二）其他国家的白兰地

1. 西班牙

西班牙白兰地的风格是柔和而芳香的,喜爱者甚多,著名的有芬达多(Fundador)、卡洛斯(Carlos)。

2. 意大利

意大利白兰地的生产历史较长,著名的有布顿(Buton)、斯道克(Stock)、贝卡罗(Beccaro)等。

3. 希腊

希腊生产的白兰地口味如同甜酒,具有独特的甜味和香味,梅塔莎(Metaxa)是希腊最著名的陈年白兰地,有"古希腊猛将精力的源泉"之誉。

4. 美国

美国白兰地主要产自加利福尼亚地区,著名的有克里斯汀兄弟(Christian Brothers)。

5. 日本

日本白兰地生产发展较迅猛,著名的有大黑天白兰地(Daikoku)、三得利 VSOP 和三得利 XO 等优良酒品。

6. 中国

中国著名的品牌是张裕金奖白兰地。

二、白兰地的饮用与服务

（一）纯饮(Straight Up)

白兰地饮用与服务使用白兰地杯,窄口能够使酒香长时间回留在杯内,每杯标准份量为 1 盎司,喝酒时掌心与酒杯接触,易于白兰地的酒香发散,同时还要摇晃酒杯让酒与空气充分接触,使酒的芳香溢满杯内。(见图5-1)

图 5-1　白兰地杯的拿法

（二）加冰(On The Rocks)

在白兰地杯中加入数块冰块,用量酒器将 1 盎司白兰地量入酒杯中。

（三）混饮(Mixing Drinks)

白兰地有浓郁的香味,被广泛用作鸡尾酒的基酒。

三、白兰地的生产工艺

　　白兰地的生产方法是将葡萄酒作为原料,经过破碎、发酵等程序,得到酒精度较低的葡萄原酒,蒸馏后得到无色烈酒,再放入木桶中储存、陈酿,勾兑后达到理想颜色、芳香味道和酒精度,从而得到优质白兰地,最后将勾兑好的白兰地装瓶,大约 10 加仑(约45.5 升)的葡萄酒可生产 1 加仑(4.54 升)的白兰地。白兰地的生产工艺可谓独到精湛,特别讲究陈酿的时间和勾兑的技艺。(见图 5-2)

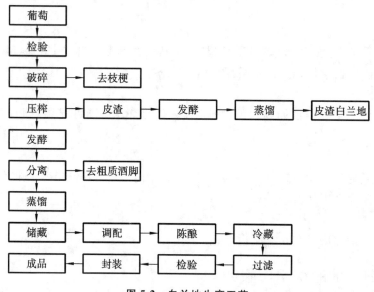

图 5-2　白兰地生产工艺

四、以白兰地为基酒的鸡尾酒调制

(一)白兰地亚历山大

　　来历:白兰地亚历山大(Brandy Alexander)这款鸡尾酒主要是为了纪念英国国王爱德华七世与皇后亚历山大的婚礼而创作,它也是给皇后的献礼。(见图 5-3)

图 5-3　白兰地亚历山大

配方:30 毫升干邑/白兰地,

30 毫升棕可可利口酒,

30 毫升鲜奶油。

工具:量酒器、摇酒壶。

载杯:鸡尾酒杯。

调制方法:摇和法。

调制过程:将所有原料倒入摇酒壶中,加冰摇匀,滤入载杯中,撒上肉豆蔻粉装饰。

装饰:肉豆蔻粉。

　　白兰地亚历山大混合了白兰地、棕可可利口酒和鲜奶油,口感香醇,适合女性饮用,是餐后鸡尾酒的代表之一。

(二)边车

来历:边车(Side Car),这款鸡尾酒在第一次世界大战结束时被首次调制而成,名字是为了纪念一位美国的上尉,他喜欢骑着摩托边车在巴黎游玩,故名边车。(见图5-4)

配方:50毫升干邑/白兰地,

20毫升君度橙酒,

20毫升鲜柠檬汁。

工具:量酒器、摇酒壶。

载杯:鸡尾酒杯。

调制方法:摇和法。

调制过程:在装有冰块的摇酒壶中加入上述材料,摇和后倒入载杯即可。

边车是以白兰地为基酒,配以鲜柠檬汁、君度橙酒等辅料调制而成的一款口感清爽适合餐后饮用的鸡尾酒。

装饰:无。

图5-4　边车

(三)史丁格

来历:史丁格(Stinger)中含有提神的白薄荷酒,可以提神醒脑,让人为之兴奋,所以取名Stinger(又名刺激者),描述此款酒带给顾客的感觉。(见图5-5)

配方:50毫升干邑/白兰地,

20毫升白薄荷酒。

工具:量酒器、摇酒壶。

载杯:鸡尾酒杯。

调制方法:摇和法。

调制过程:将所有原料倒入装有冰块的搅拌杯,搅匀后滤入冰镇过的马天尼杯。

装饰:薄荷叶。

图5-5　史丁格

(四)波特菲利普

来历:波特菲利普(Porto Flip)这款葡萄牙的经典鸡尾酒,其中的主要原料为波特酒,堪称葡萄牙国粹。这杯酒最早的书面记载是在 *The Bartender's Guide: How to Mix Drinks*,这本书是由大名鼎鼎的调酒师 Jerry Thomas 在1862年出版的。此酒通常是作为餐后甜品鸡尾酒饮用。(见图5-6)

配方:15毫升白兰地,

45 毫升红茶色波特酒，

10 毫升蛋黄酒，

肉豆蔻粉。

工具：量酒器、摇酒壶。

载杯：鸡尾酒杯。

调制方法：摇和法。

调制过程：将所有材料倒入装有冰块的摇酒壶中，摇匀后倒入冷冻鸡尾酒杯中。

图 5-6 波特菲利普

装饰：肉豆蔻粉。

（五）萨泽拉克

来历：萨泽拉克（Sazerac）这款鸡尾酒的起源时间无从考据，最早是用干邑调制的，但是在 1869 年，法国发生了很严重的根瘤蚜虫害，大部分的葡萄园都受损严重，干邑产量大减，这才将原有配方中的干邑换成了黑麦威士忌。现在的萨泽拉克用干邑或黑麦威士忌做基酒的都有。（见图 5-7）

配方：50 毫升干邑，

10 毫升苦艾酒，

1 块方糖，

2 滴佩乔德苦精。

工具：量酒器、滤冰器、调酒杯、吧匙。

载杯：古典杯。

调制方法：调和法。

调制过程：用苦艾酒给一个冰镇过的古典杯洗杯，加入碎冰放置到一边，将其他原料倒入调酒杯中加冰搅匀。将之前准备好的杯子中的冰和苦艾酒倒掉，将其中的混合物滤入杯中。

图 5-7 萨泽拉克

装饰：柠檬皮。

任务二 威士忌

一、威士忌概述

威士忌（Whisky）是以大麦、黑麦、燕麦、小麦、玉米等谷物为原料，经发酵、蒸馏后放入橡木桶中陈酿，再经过勾兑而制成的烈性酒精饮料。威士忌是谷物蒸馏酒中具有代表性的酒品之一。威士忌在生产过程中使用的原料品种和数量比例不同，麦芽生长的情况、烘烤麦芽的方法、蒸馏的方式、储存用的橡木桶、储存年限及勾兑技巧有别，威士忌的特点和风味也不相同。

　　"威士忌"源于古代居住在爱尔兰和苏格兰高地的塞尔特人的语言,古爱尔兰人称此酒为 Visge-Beatha,古苏格兰人称为 Visage-Baugh。经过年代的变迁,逐渐演变成今天的 Whisky。之后威士忌的制作方法经爱尔兰传到了苏格兰。威士忌的酿酒技术在苏格兰得到发扬光大。

　　威士忌的酒精度通常在 40%vol 以上,酒体呈浅棕红色,气味焦香。苏格兰威士忌具有传统的麦芽和泥炭烘烤的香气,而其他地方生产的威士忌味道较柔和,各有特色。

　　威士忌的生产国大多是以英语为母语的国家。世界著名的威士忌按生产国别(地区)命名,有苏格兰威士忌、爱尔兰威士忌、美国威士忌和加拿大威士忌等,其中以苏格兰威士忌最为著名。

(一)苏格兰威士忌

　　苏格兰威士忌(Scotch Whisky)受英国法律限制:凡是在苏格兰酿造和混合的威士忌,至少陈酿 3 年,才可称为苏格兰威士忌。苏格兰威士忌对生产原料以大麦为主,生产过程包括大麦发芽、泥炭烘烤、制浆、发酵、蒸馏和勾兑等。此酒口感甘洌、醇厚、劲足、圆润、绵柔,是世界上最好的威士忌。

　　1.苏格兰威士忌的种类

　　(1)单一纯麦威士忌(Single Malt Whisky)。

　　单一纯麦威士忌是指只以发芽大麦为原料制造,并在苏格兰境内以橡木桶陈酿超过 3 年的威士忌。

　　(2)纯麦威士忌(Pure Malt Whisky)。

　　纯麦威士忌的酿造则完全采用泥炭熏干的大麦芽,不添加任何其他的谷物,并且必须使用壶式蒸馏锅进行蒸馏,蒸馏后酒液的酒精度达 63%vol。

　　(3)谷物威士忌(Grain Whisky)。

　　谷物威士忌是指大麦、小麦和玉米等谷物糖化后发酵、蒸馏而成的威士忌。

　　(4)调配威士忌(Blended Whisky)。

　　调配威士忌由纯麦威士忌和谷物威士忌调配而成,调配比例各酒厂有所不同,调配的基酒可能来自多个不同的酒厂。

　　2.苏格兰威士忌的主要产区

　　苏格兰威士忌的主要产区如表 5-2 所示。

表 5-2　苏格兰威士忌的主要产区

序号	地区	特点	代表品牌
1	斯佩塞 (Speyside)	苏格兰威士忌精髓的体现,具有非常丰富多变的香气	麦卡伦(Macallan)、格兰菲迪(Glenfiddich)和格兰威特(Glenlivet)
2	高地 (Highlands)	有个性强烈的威士忌产品形象,区域内四个子产区所产的威士忌风格各异	达尔维尼(Dalwhinnie)、达摩(Dalmore)、格兰杰(Glenmorangie)、本尼维斯(Ben Nevis)和欧班(Oban)

续表

序号	地区	特点	代表品牌
3	低地 (Lowlands)	口味平顺柔和,带有植物芳香	欧肯特轩(Auchentoshan)、布拉德诺赫(Bladnoch)
4	康贝尔镇 (Campbel town)	以泥炭味和海盐味为主,口感浓郁	云顶(Spring Bank)、格兰帝(Glen Scotia)
5	艾雷岛 (Islay)	浓重的泥炭香	波摩(Bowmore)、拉弗格(Laphroaig)、拉格维林(Lagvulin)

3. 苏格兰威士忌名品

表 5-3 列举了苏格兰威士忌名品 14 种。

表 5-3　苏格兰威士忌名品列举

名称	图示	名称	图示
尊尼·获加 Johnnie Walker		芝华士 Chivas Regal	
百龄坛 Ballantine's		格兰菲迪 Glenfiddich	
麦卡伦 Macallan		添宝 Dimple	
威雀 Famous Grouse		达摩 Dalmore	

续表

名称	图示	名称	图示
格兰威特 Glenlivet		达尼维尔 Dalwhinnie	
欧肯特轩 Auchentoshan		拉弗格 Laphroaig	
云顶 Spring Bank		格兰杰 Glenmorangie	

（二）爱尔兰威士忌

爱尔兰是威士忌的发源地,爱尔兰威士忌(Irish Whisky)是以发芽的大麦为原料,使用壶式蒸馏器3次蒸馏,并且依法在橡木桶中陈年3年以上的麦芽威士忌,再加上由未发芽大麦、小麦与裸麦,经连续蒸馏所制造出的谷物威士忌进一步调和而成,以未发芽的大麦作原料带给爱尔兰威士忌较多青涩、辛辣的口感。

爱尔兰威士忌名品列举如表5-4所示。

表5-4　爱尔兰威士忌名品列举

名称	图示	名称	图示
詹姆森 Jameson		布什米尔 Bushmills	

(三)美国威士忌

美国威士忌(American Whiskey)以优质的水、温和的酒质和带有焦黑橡木桶的香味而著名,尤其是美国的波本威士忌(Bourbon Whiskey)更是享誉世界。美国威士忌与苏格兰威士忌在制法上大致相似,但所用的谷物不同,蒸馏出的酒精度会较苏格兰威士忌低。

1. 美国威士忌种类

1)波本威士忌(Bourbon Whiskey)

波本威士忌主要原料为玉米和大麦,其中,玉米至少占原料用量的51%,蒸馏过程也是采取塔式蒸馏锅和壶式蒸馏锅并行的方式进行蒸馏,将酒液混合后放入全新的美国碳化橡木桶中进行陈酿,酒液的麦类风味与来自橡木桶的甜椰子和香草风味融合在一起,发展出水果、蜂蜜和花朵等的香气,装瓶后酒液呈琥珀色。

2)田纳西威士忌(Tennessee Whiskey)

田纳西威士忌同波本威士忌的酿造工艺基本相同,唯一不同的是在装瓶前,田纳西威士忌会使用枫木炭进行过滤,过滤后的田纳西威士忌口感更加顺滑,带有淡淡的甜味和烟熏味。

2. 美国威士忌名品

美国威士忌名品列举如表5-5所示。

表5-5　美国威士忌名品

名称	图示	名称	图示
占边 Jim Beam		杰克丹尼 Jack Daniels	
四玫瑰 Four Roses		美格 Maker's Mark	
威凤凰 Wild Turkey		水牛足迹 Buffalo Trace	

（四）加拿大威士忌

加拿大生产威士忌已有二百多年的历史，加拿大威士忌（Canadian Whisky）用裸麦（黑麦）作为主要原料（占 51% 以上），再配以大麦芽及其他谷类，经发酵、蒸馏、勾兑等工艺，在白橡木桶中陈酿至少 3 年（一般为 4—6 年），才能出品。

加拿大威士忌名品列举如表 5-6 所示。

表 5-6　加拿大威士忌名品列举

名称	图示	名称	图示
加拿大俱乐部 Canadian Club		皇冠 Crown Royal	
艾伯塔 Alberta		施格兰 Seagram's	

（五）日本威士忌

日本威士忌（Japanese Whisky）的生产采用苏格兰的传统工艺和设备，从英国进口泥炭用于烟熏麦芽，从美国进口白橡木桶用于贮酒，甚至从英国进口一定数量的苏格兰麦芽威士忌原酒，专供勾兑自产的威士忌酒。日本胜在懂得融会贯通，对传统的威士忌酿造技术做了一些改变，融入了一些本土特色，最终酿造出符合日本人生活方式和鉴赏力的威士忌，精致、柔和、醇正。日本威士忌相较于苏格兰威士忌，酒体较为干净，有较多水果的气味及甜美，不像苏格兰威士忌留下那么多大麦的气味，而更多强调和谐与平衡。

日本威士忌名品列举如表 5-7 所示。

表 5-7　日本威士忌名品列举

名称	图示	名称	图示
竹鹤 Taketsuru		宫城峡 Miyagikyo	

续表

名称	图示	名称	图示
余市 Nikka		山崎 Yamazaki	
乡音 Hibiki		白州 Hakushu	

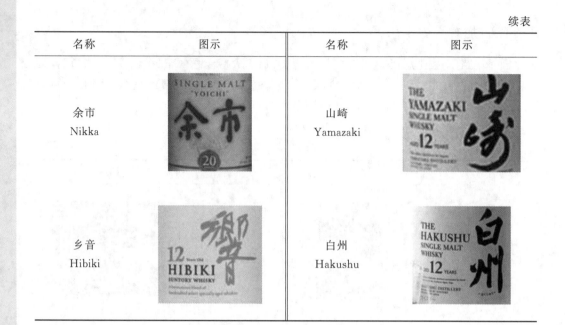

二、威士忌的饮用与服务

(一)纯饮

纯饮意指100%纯粹酒液,无任何添加物,可让威士忌的强劲个性直接冲击感官,是最能体会威士忌原色原味的传统品饮方式。每杯标准分量为1盎司。

(二)加冰

加冰主要是想降低酒精刺激,又不想稀释威士忌的酒客们的另一种选择。然而,威士忌加冰块虽能抑制酒精味,但也连带因降温而让部分香气散发不出来,难以品尝出威士忌原有的风味特色。在威士忌杯或古典杯中加入大颗冰块,将1盎司威士忌沿着冰块慢慢倒入酒杯中,再用吧匙稍微搅拌即可。

(三)加水

加水堪称全世界最"普及"的威士忌饮用方式,加水的主要目的是降低酒精对嗅觉的过度刺激,依据学理而论,将威士忌加水稀释到20%vol的酒精度,能表现出威士忌所有香气的最佳状态。在威士忌杯或古典杯中倒入1盎司的威士忌,再加入威士忌分量1∶1的冰水即可。

(四)加汽水

以烈酒为基酒,加上汽水的调酒,以 Whisky Highball 来说,加可乐或苏打水是较受欢迎的喝法。

在海波杯中先加入冰块,倒入1份(1盎司)或2份(2盎司)的威士忌,最后加入适量可乐或苏打水。

(五)苏格兰传统热饮法

在寒冷的苏格兰,有一种名为 Hot Toddy 的传统威士忌,它不但可祛寒,还可治愈小感冒。Hot Toddy 以苏格兰威士忌为基酒,在杯中调入柠檬汁、蜂蜜,再依各人需求与喜好加入红糖、肉桂,最后加入热水。

三、威士忌的生产工艺

威士忌的生产工艺如图 5-8 所示。

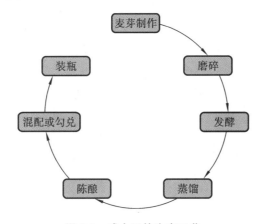

图 5-8　威士忌的生产工艺

四、以威士忌为基酒的鸡尾酒调制

(一)教父

来历:教父(God Father)这款鸡尾酒与弗朗西斯·福特·科波拉执导的美国黑帮影片《教父》同名,它以意大利产的杏仁利口酒为辅料调和而成。(见图 5-9)

图 5-9　教父

同步操作
▼

以威士忌为基酒的鸡尾酒调制

配方:35毫升苏格兰威士忌,

35毫升帝萨诺杏仁利口酒,

工具:量酒器、吧匙。

载杯:古典杯。

调制方法:调和法。

调制过程:将所有原料倒入装有冰块的古典杯,搅拌均匀即可。

装饰:酒渍樱桃。

(二)古典鸡尾酒

来历:古典鸡尾酒(Old Fashioned)历史悠久,关于其来源众说纷纭。比较流行的说法是20世纪美国肯塔基州路易斯维尔市的Pendennis Club酒吧的调酒师创作了这款酒,来向著名的波本酒酿酒大师詹姆斯·E.佩珀(James E. Pepper)致敬。(见图5-10)

配方:45毫升波本威士忌或黑麦威士忌,

适量安哥斯特拉苦精,

1块方糖,

适量水。

工具:量酒器、吧匙。

载杯:古典杯。

调制方法:调和法。

调制过程:将方糖放入古典杯,用苦精浸湿,加入适量清水,捣压直至溶解。在杯中放入冰块并倒入威士忌,轻轻搅匀。

装饰:橙片或橙皮,以及一颗酒渍樱桃。

(三)威士忌酸

来历:威士忌酸(Whiskey Sour)的配制最早记载于1870年美国威斯康星州的报纸上。(见图5-11)

图 5-10　古典鸡尾酒

图 5-11　威士忌酸

配方:45 毫升波本威士忌,

30 毫升鲜柠檬汁,

15 毫升糖浆,

蛋清(可选)。

工具:量酒器、摇酒壶。

载杯:古典杯。

调制方法:摇和法。

调制过程:将上述材料倒入装有冰块的摇酒壶中,摇匀后,倒入加冰的古典杯中。

装饰:半个橙片和糖渍樱桃。

加入蛋清的威士忌酸也可以叫作 Boston Sour(波士顿酸),传统的装饰是半片橙片和樱桃。

(四)花花公子

来历:花花公子(Boulevardier)是一杯诞生在禁酒令之前的鸡尾酒,花花公子是调酒师哈利为他的顾客厄斯金·格威尼(Erskine Gwynne)所创作。该酒被收录在哈利1927 年写的调酒书 *Barflies and Cocktails* 里。(见图 5-12)

配方:45 毫升波本威士忌或黑麦威士忌,

30 毫升金巴利苦味酒,

30 毫升甜味美思,

橙皮或柠檬皮。

工具:量酒器、滤冰器、调酒杯、吧匙。

载杯:鸡尾酒杯。

调制方法:调和法。

调制过程:将所有原料倒入装有冰块的调酒杯,搅拌均匀,滤入冰镇过的鸡尾酒杯。

装饰:橙皮或柠檬皮。

图 5-12　花花公子

(五)薄荷朱莉普

来历:薄荷朱莉普(Mint Julep)是一款标志性的波本鸡尾酒,带着明显的波本威士忌的特征,因其作为肯塔基赛马会(Kentucky Derby)的官方饮品而最为人所知。从 20 世纪 30 年代开始,薄荷朱莉普被装在标志性的 Julep 锡杯中,供参赛选手饮用,并逐渐演变成了一种传统,金属杯壁呈现的冰霜让此款鸡尾酒看上去更加清凉。(见图 5-13)

配方:60 毫升波本威士忌,

4 根新鲜带叶薄荷枝,

1 茶匙砂糖,

2 茶匙水。

工具:量酒器、吧匙。

图 5-13　薄荷朱莉普

载杯：朱莉普锡杯。

调制方法：调和法。

调制过程：在朱莉普锡杯中将薄荷叶、砂糖、水一起轻轻捣压，在杯中装满碎冰，加入波本威士忌后搅拌直到杯外壁结霜。

装饰：薄荷枝。

任务三　伏特加

一、伏特加概述

伏特加(Vodka)原始酿造工艺由意大利的热那亚人传入，但当时莫斯科大公瓦西里三世为了保护本国传统名酒——蜜酒的生产销售，禁止民间饮用伏特加，当时的伏特加只是上流社会贵族的宠儿。1533 年，伊凡雷帝开设了一个"皇家酒苑"，但不久他又下令只允许自己的近卫军饮用伏特加。直到 1654 年伏特加才在民间流传开来。传统的优质伏特加是用纯大麦酿造的，随着需求量的逐步增加，也开始以玉米、小麦、马铃薯等农作物为酿造原料，经过发酵、蒸馏、过滤和活性炭脱臭处理等后，酿成了高纯度的烈性酒伏特加，数十年后，这款甘洌醇香、纯净透明的烈性酒点燃了整个俄罗斯。

伏特加之名源自俄语"Voda"，是"水"或"可爱的水"的意思。据记载，俄罗斯最早在 12 世纪就开始蒸馏伏特加，当时主要用于治疗疾病，生产原料是一些便宜的农产品，如小麦、大麦、玉米、马铃薯和甜菜等。除俄罗斯外，很多权威人士认为伏特加的产生和波兰人有着千丝万缕的联系，波兰人也认为他们才是伏特加的创始人。

很长一段时间，伏特加只在东欧、北欧一些国家流行。俄国十月革命后，大量的俄国贵族逃到欧洲，西欧国家才开始生产伏特加，伏特加逐渐成为西欧较为流行的饮品。第二次世界大战后，伏特加酿造技术被带到美国，并随着在鸡尾酒调制中的广泛应用而逐渐盛行。

(一)伏特加的分类

1.中性伏特加

中性伏特加为无色液体，除酒味外，无任何其他气味，是伏特加中最重要的产品。俄罗斯的伏特加多属于此类。

2.加味伏特加

加味伏特加是指在橡木桶中贮存或曾浸泡过药草、果蔬(如柠檬、辣椒)等以增加其香味和颜色的伏特加。波兰的伏特加多属于此类。

(二)伏特加的名品

伏特加名品列举如表 5-8 所示。

表 5-8　伏特加名品列举

名称	图示	名称	图示
斯皮亚图斯 Spirytus		维波罗瓦 Wyborowa	
雪树 Belvedere		肖邦 Chopin	
红牌 Stolichnaya		绿牌 Moskovskaya	
绝对 Absolut		灰雁 Grey Goose	
皇冠 Smirnoff		天空 Skyy	

二、伏特加的饮用与服务

伏特加的服务标准用量为每份 30 毫升或 45 毫升,用利口杯或古典杯饮用,可作为佐餐酒或餐后酒。

(一)冰冻净饮

大多数伏特加爱好者相信,直接喝伏特加是享受这种饮品的正确方法,提前将伏特加冷藏,酒瓶上会结一层薄霜,酒水质地也会变得较稠,饮用时,将伏特加倒入冰镇过的杯子,然后一口灌下,入口后酒液口感醇厚,入腹则顿觉热流遍布全身。

(二)混饮

可加苏打水及番茄汁等果蔬汁饮料,或作为调制鸡尾酒的基酒。由于伏特加纯正没有杂味,也具有容易和各种饮料混合的特性,故很适合作为调制鸡尾酒的基酒,以其为基酒调制的著名的鸡尾酒有黑俄罗斯(Black Russian)、螺丝钻(Screw Driver)、血腥玛丽(Bloody Mary)等。在各种调制鸡尾酒的基酒中,伏特加是具有灵活性、适应性和变通性的一种酒。

三、伏特加的生产工艺

伏特加的传统酿造法是以马铃薯或玉米、大麦、黑麦为原料,用精馏法蒸馏出酒精度高达 96％vol 的酒液,再使酒液流经盛有大量木炭的容器,以吸附酒液中的杂质(每10 升蒸馏液用 1.5 千克木炭连续过滤至少 8 小时,40 小时后要换掉 10％的木炭),最后用蒸馏水稀释至酒精度 40％vol—50％vol 即成。

四、以伏特加为基酒的鸡尾酒调制

(一)大都会

来历:传说,大都会(Cosmopolitan)是 20 世纪 70 年代由美国马萨诸塞州的社会团体所创造,最终在 20 世纪 80 年代末传入纽约,由曼哈顿的一位女调酒师将配方中的金酒改为伏特加,所调出的鸡尾酒获得美国 1989 年鸡尾酒大赛冠军。大都会鸡尾酒后来随着美国一部电视连续剧《欲望都市》(Sex and the City)红遍全球,真正成为世界流行的鸡尾酒。(见图 5-14)

配方:40 毫升伏特加,

15 毫升君度橙酒,

30 毫升蔓越莓汁,

15 毫升鲜青柠汁。

工具:量酒器、摇酒壶。

载杯:鸡尾酒杯。

调制方法：摇和法。

调制过程：将上述材料倒入装有冰块的摇酒壶中，摇和均匀后倒入鸡尾酒杯中。

装饰：柠檬皮扭条。

此款酒的味道酸酸甜甜，带有柑橘芳香，颜色美艳，是好看又可口的一款当代经典鸡尾酒。

图 5-14 大都会

（二）血腥玛丽

来历：血腥玛丽（Bloody Mary）是以英国玛丽一世女王命名，番茄汁的血红色代表着玛丽一世对新教徒的血腥统治。血腥玛丽被称为"世界上最复杂的鸡尾酒"。可以早上饮用。（见图5-15）

配方：45毫升伏特加，

图 5-15 血腥玛丽

90毫升番茄汁，

15毫升鲜柠檬汁，

2滴李派林喼汁，

塔巴斯科辣椒酱，

芹菜盐，

胡椒粉。

工具：量酒器、调酒杯、吧匙。

载杯：柯林杯。

调制方法：调和法。

调制过程：将上述材料倒入装有冰块的调酒杯中，调和均匀后倒入载杯中。

装饰：芹菜，腌渍洋茴香或柠檬角（可选）。

（三）黑俄罗斯

来历：黑俄罗斯（Black Russian），由伏特加和咖啡利口酒组成。最早出现在1949年，是一个叫古斯塔夫·托普斯（Gustave Tops）的比利时调酒师在都市酒店创造的。（见图5-16）

配方：50毫升伏特加，

20毫升咖啡利口酒。

工具：量酒器、吧匙。

载杯：古典杯。

调制方法：调和法。

调制过程：将上述材料倒入装有冰块的古典杯中搅拌。

图 5-16 黑俄罗斯

（四）莫斯科骡子

来历：莫斯科骡子(Moscow Mule)的诞生离不开美国大融合的年代,它的诞生亦是背负了著名伏特加品牌斯米诺夫(Smirnoff)开拓市场的决心。在 20 世纪 40 年代,斯米诺夫刚刚进入北美市场,准备将伏特加卖给更多美国人的鲁道夫·库内特(当时的斯米诺夫的总裁)和其他两个老朋友发明了这款鸡尾酒。(见图 5-17)

图 5-17　莫斯科骡子

配方：45 毫升斯米诺伏特加,

120 毫升姜汁啤酒,

10 毫升鲜青柠汁。

工具：量酒器、吧匙。

载杯：骡子杯或岩石杯。

调制方法：调和法。

调制过程：将伏特加和姜汁啤酒在骡子杯或岩石杯中混合,加入青柠汁后轻轻搅拌使所有原料充分混合。

装饰：青柠片。

（五）意式浓缩马天尼

来历：马天尼,拥有数百种配方且被很多人喜欢的一类酒,这款意式浓缩马天尼(Espresso Martini)是由伦敦鸡尾酒复兴领袖之一迪克·布拉德塞尔(Dick Bradsell)在 1984 年创造出的一款鸡尾酒。(见图 5-18)

配方：50 毫升伏特加,

30 毫升甘露咖啡利口酒,

10 毫升糖浆,

1 份意式浓咖啡。

工具：量酒器、摇酒壶。

载杯：鸡尾酒杯。

调制方法：摇和法。

调制过程：将所有原料倒入摇酒壶,加冰摇和,滤入冷却过的鸡尾酒杯中。

图 5-18　意式浓缩马天尼

任务四　金酒

一、金酒概述

金酒(Gin)又称杜松子酒,是以谷物为原料,经过糖化、发酵、蒸馏,再同植物的根茎及香料一起进行二次蒸馏而制成的酒。欧盟关于烈酒的规定中,金酒的酒精度应不低于 37.5％vol。

金酒最早于 1660 年酿造,荷兰莱顿(Leyden)大学医学院一位名叫西尔维亚斯(Sylvius)的教授发现杜松子有利尿作用,于是将杜松子浸泡在酒精中,然后蒸馏出一种含有杜松子成分的药用酒。经临床发现,这种酒还同时具有健胃、解热等功效,很受消费者欢迎。

金酒在荷兰面世,却在英国发扬光大。17 世纪,杜松子酒由英国海军带回伦敦,很快打开了市场,很多制造商在伦敦大规模生产金酒,并改为 Gin,以便发音,随着生产技术的不断发展和蒸馏技术的进一步提高,英国金酒逐渐演变成一种与荷兰杜松子酒口味截然不同的清淡型烈性酒。

(一)金酒的分类

金酒的分类如表 5-9 所示。

表 5-9　金酒的分类

序号	类型	特点
1	伦敦干金酒 (London Dry Gin)	泛指清淡型的金酒品种。生产过程包括发芽、制浆、发酵、蒸馏,然后酒精度稀释至 40％vol 左右装瓶销售
2	荷兰金酒 (Holland's Genever)	酒味清香,辣中带甜,酒精度 36％vol—40％vol。生产的产品主要在荷兰本地市场销售,很少外销
3	老汤姆金酒 (Old Tom Gin)	在伦敦干金酒中加入 2％的砂糖,增加其甜味
4	风味金酒 (Flavored Gin)	用水果或特殊的香草等来增加香味,通过加糖使其接近利口酒的口味
5	普利茅斯金酒 (Plymouth Gin)	拥有欧盟地理保护的金酒类型,其杜松子的气味并不似伦敦干金酒般明显

(二)金酒的名品

金酒名品列举如表 5-10 所示。

表 5-10　金酒名品列举

名称	图示	名称	图示
必富达 Beefeater		添加利 Tanqueray	
哥顿 Gordon's		波尔斯 Bols	
蓝宝石 Bombay Sapphire		亨利爵士 Hendrick's	
植物学家金酒 The Botanist		施格兰 Seagram's	

二、金酒的饮用与服务

在酒吧中,金酒的标准用量为每份 1 盎司。

(一)伦敦干金酒的饮用与服务

伦敦干金酒既可以冰镇后单独饮用,也可以与其他酒混合饮用,还可以作为鸡尾酒的基酒使用。伦敦干金酒口味干爽,无色透明,没有香味,易于被人们接受,被广泛用于鸡尾酒的配制,有"鸡尾酒心脏"的称号。如兑汤力水(Tonic Water)再加上柠檬片,即成为著名的金汤力(Gin Tonic)。服务时,要用柯林杯或海波杯盛酒。

(二)荷兰金酒的饮用与服务

荷兰金酒的香味与香料过于浓烈,因此不适宜作为混合酒的基酒来使用。荷兰金酒适合净饮,可适当冰镇,作为餐前酒或餐后酒饮用。

荷兰金酒在东印度群岛还有一个比较流行的饮法:在饮用前用苦精洗杯,然后倒入荷兰金酒大口快饮,饮后再喝上一杯冰水,据说这样饮用有开胃的功效。荷兰金酒加冰块后再配上一片柠檬,就是著名的干马天尼(Dry Martini)最好的代用酒。服务时可用利口杯或古典杯盛酒。

三、金酒的生产工艺

金酒是用谷物酿制的中性酒精,加上杜松子生产而成的。金酒的怡人香气主要来自具有利尿作用的杜松子。杜松子的酿法有许多种,一般是将其包于纱布中,挂在蒸馏器出口部位。蒸酒时,其味便进入酒中,或者将杜松子浸于绝对中性的酒精中,一周后再回流复蒸,将其味蒸于酒中。有时还可以将杜松子压碎成小片状,加入酿酒原料中,进行糖化、发酵、蒸馏,以得其味。形成金酒独特风格的主要因素有以下几点:

(1)精馏酒必须不含一点杂质;

(2)植物品种完全由生产者选择;

(3)蒸馏器的设备选择与使用严格按要求。

金酒蒸馏完毕以后一般可以直接稀释装瓶上市,不需任何陈酿过程。

四、以金酒为基酒的鸡尾酒调制

(一)干马天尼

来历:干马天尼(Dry Martini)被称为"鸡尾酒之王",有人说,"鸡尾酒从马天尼开始,又以马天尼告终"。1979年美国出版了《马天尼酒大全》,其中介绍了268种马天尼。(见图5-19)

配方:60毫升金酒,

10毫升干味美思。

载杯:马天尼杯。

工具:量酒器、滤冰器、调酒杯、吧匙。

调制方法:调和法。

调制过程:将所有原料倒入装有冰块的调酒杯,搅匀,滤入冰镇过的马天尼杯。

装饰:橄榄或橙皮。

(二)新加坡司令

图 5-19　干马天尼

来历:新加坡司令(Singapore Sling)由新加坡的莱佛士酒店的华裔调酒师严崇文

同步操作
▼

以金酒为基酒的鸡尾酒调制

(Ngiam Tong Boon)于20世纪初创造。他应顾客要求改良金汤力,结果调出了一种口感酸甜、口感清爽的酒,这款酒有消除疲劳的功效。(见图5-20)

图5-20　新加坡司令

配方:30毫升金酒,

15毫升樱桃利口酒,

7.5毫升君度橙酒,

7.5毫升当酒,

10毫升石榴糖浆,

120毫升鲜菠萝汁,

15毫升鲜青柠汁,

1滴安哥斯特拉苦精。

工具:量酒器、摇酒壶。

载杯:飓风杯。

调制方法:摇和法。

调制过程:将除菠萝汁外的所有原料倒入摇酒壶中,加冰摇匀后滤入飓风杯中,注入菠萝汁。

装饰:菠萝和樱桃。

(三)白色丽人

来历:白色丽人(White Lady)大约于1919年由时任伦敦仙乐斯俱乐部的调酒师哈利·麦克艾尔宏所创作。(见图5-21)

配方:40毫升金酒,

30毫升橙皮利口酒,

20毫升鲜柠檬汁。

工具:量酒器、摇酒壶。

载杯:鸡尾酒杯。

调制方法:摇和法。

调制过程:将所有原料倒入摇酒壶,加冰摇匀,滤入冰镇过的鸡尾酒杯。

装饰:无。

图5-21　白色丽人

(四)飞行

来历:飞行(Aviation)由调酒师雨果·R.恩斯勒斯(Hugo R. Ensslus)于1911年创作出来,起初是由金酒酸改良的。(见图5-22)

配方:45毫升金酒,

15毫升黑樱桃利口酒,

15毫升鲜柠檬汁,

1吧匙紫罗兰利口酒,

工具:量酒器、摇酒壶

载杯:鸡尾酒杯。

调制方法:摇和法。

调制过程:将所有原料倒入摇酒壶,加碎冰摇匀,滤入冰镇过的鸡尾酒杯。

装饰:可加糖渍樱桃。

图 5-22 飞行

(五)金菲士

来历:金菲士(Gin Fizz)是以金酒为基酒,加入鲜柠檬汁,最后加入苏打水的鸡尾酒。因为加入苏打水时,其中的碳酸气体会逸出从而发出"吱吱"声而得名。

金菲士既富有柠檬汁的酸味又兼有苏打水的清爽,是非常著名的鸡尾酒。(见图5-23)

图 5-23 金菲士

配方:45 毫升金酒,

30 毫升鲜柠檬汁,

10 毫升单糖浆,

苏打水。

工具:量酒器、摇酒壶。

载杯:柯林杯。

调制方法:摇和法。

调制过程:将除苏打水外的所有原料加冰摇匀,倒入杯中,用一点苏打水盖顶。注意杯中不要加冰。

装饰:柠檬片或柠檬皮。

任务五 朗姆酒

一、朗姆酒概述

朗姆酒(Rum)是以甘蔗汁或蜜糖为原料,经发酵、蒸馏、陈酿、调配而成的一种蒸馏酒。朗姆酒素来就有"海盗之酒"的美誉,主要产区集中在盛产甘蔗及蔗糖的地区,如牙买加、古巴、海地、多米尼加、波多黎各等加勒比海沿岸的一些国家和地区,其中以牙买加、古巴生产的朗姆酒较有名。

(一)朗姆酒的分类

1.白朗姆酒

白朗姆酒(White Rum)是无色透明、未经橡木桶陈年的酒。但是有一些生产商,例如百加得(Bacardi),会将白朗姆酒放在橡木桶中陈酿,从而增加酒的风味,然后再过滤掉颜色。

2.金朗姆酒

金朗姆酒(Golden Rum)也被称为琥珀色朗姆酒,通常放在波本桶中进行中度酿造。金朗姆酒比白朗姆酒具有更浓烈的风味。

3.黑朗姆酒

黑朗姆酒(Dark Rum)以其特殊颜色而闻名,它比金朗姆酒颜色更深,是因为酿造过程中使用了焦糖或糖蜜。黑朗姆酒一般陈酿时间较长,在内侧重度烤焦的橡木桶中,获得了比白朗姆酒和金朗姆酒更浓烈的风味。黑朗姆酒通常有无花果、葡萄干、丁香和肉桂等味道。

4.香料朗姆酒

香料朗姆酒(Spiced Rum)通常以金朗姆酒为基酒,添加香辛料等天然调味料来获得风味。通常会使用焦糖着色,添加的香料包括肉桂、迷迭香、苦艾、茴香、胡椒、丁香和豆蔻等。

(二)朗姆酒的名品

朗姆酒的名品列举如表 5-11 所示。

表 5-11　朗姆酒名品列举

名称	图示	名称	图示
百加得 Bacardi		摩根船长 Captain Morgan	
美雅士 Myers's		哈瓦那俱乐部 Havana Club	

二、朗姆酒的饮用与服务

(一)纯饮

陈年浓香型朗姆酒可作为餐后酒纯饮,标准分量为 1 盎司。

(二)加冰

在古典杯中加满大颗冰块,将 1 盎司朗姆酒沿着杯壁缓缓倒入加了冰块的酒杯中。

（三）加苏打水

先在古典杯中加入冰块,再倒入 1 盎司朗姆酒,然后加入 90 毫升苏打水,最后用柠檬片装饰。

（四）加椰汁

在柯林杯中先加入冰块,再倒入 1 盎司的朗姆酒,最后加入 90 毫升椰汁。

加椰汁是加勒比海沿岸国家和地区的人们最喜欢的一种喝法。将白朗姆酒和冰的新鲜椰汁用 1 ∶ 3 的比例混合,口感冰凉、清淡、柔和。

（五）混饮

作为基酒兑果汁饮料、碳酸饮料或其他酒品混合饮用。朗姆酒混饮中比较著名的有自由古巴(Cuba Libre)、得其利(Daiquiri)等。

三、朗姆酒的生产工艺

朗姆酒的生产流程如图 5-24 所示。

发酵　蒸馏　陈酿　勾兑

图 5-24　朗姆酒的生产流程

四、以朗姆酒为基酒的鸡尾酒调制

（一）自由古巴

来历:19 世纪末,古巴人民进行了反抗殖民统治的独立战争,在战争中他们以"自由的古巴万岁"作为口号,革命军战士为了获得充足的体力,就往他们钟爱的朗姆酒里加可乐和青柠汁,这样调出的酒,既保持了酒的芬芳,又不醉人。他们为其起了一个革命的名字——自由古巴(Cuba Libre)。(见图 5-25)

配方:120 毫升可乐,

50 毫升白朗姆,

10 毫升鲜青柠汁。

工具:量酒器、吧匙。

载杯:柯林杯。

调制方法:兑和法。

调制过程:将所有原料倒入加冰的杯中,以兑和法加冰调制而成。

装饰:青柠角。

图 5-25　自由古巴

同步操作
▼

以朗姆酒
为基酒的
鸡尾酒
调制

（二）得其利

来历：得其利（Daiquiri）19 世纪末在古巴得其利小镇流行，并以此地命名。此款酒宜餐前饮用或佐餐用，可助消化，增进食欲。（见图 5-26）

图 5-26 得其利

配方：60 毫升白朗姆酒，

20 毫升鲜青柠汁，

2 吧匙细砂糖。

工具：量酒器、吧匙、摇酒壶。

载杯：鸡尾酒杯。

调制方法：摇和法。

调制过程：将所有原料倒入摇酒壶，均匀搅拌使细砂糖溶解，再加冰摇匀，滤入冰镇过的鸡尾酒杯。

（三）椰林飘香

来历：椰林飘香（Piña Colada 西班牙语，Piña 的意思是菠萝，Colada 意为"过滤的"）是一款甜鸡尾酒，现代版本的 Piña Colada 是在波多黎各圣胡安的希尔顿酒店发明。1978 年起，Piña Colada 就成为波多黎各的代表饮品。（见图 5-27）

配方：30 毫升白朗姆酒，

30 毫升椰浆，

90 毫升鲜菠萝汁。

工具：量酒器、电动搅拌机。

载杯：飓风杯。

调制方法：搅拌法。

调制过程：将所有原料及碎冰块一起倒入电动搅拌机中搅拌成奶昔状，然后倒入冰镇的飓风杯中。

装饰：菠萝和樱桃。

图 5-27 椰林飘香

（四）玛丽·碧克馥

来历：玛丽·碧克馥（Mary Pickford）是以加拿大的著名演员玛丽·碧克馥命名的一款经典鸡尾酒。这杯经典的鸡尾酒适合女士饮用，整体偏水果风味，有一点点的甜，入口是浓郁的菠萝风味，回味有朗姆酒以及樱桃利口酒的风味，比较容易入口。（见图 5-28）

图 5-28 玛丽·碧克馥

配方：45 毫升白朗姆酒，

45 毫升鲜菠萝汁，

7.5 毫升黑樱桃利口酒，

5 毫升红石榴糖浆。

工具：量酒器、摇酒壶。

载杯：香槟杯。

调制方法：摇和法。

调制过程:将所有原料倒入摇酒壶,加冰摇和,滤入冰镇过的鸡尾酒杯中。

(五)莫吉托

来历:莫吉托(Mojito)起源于古巴,酒精度 10%vol 左右。莫吉托是由朗姆酒、鲜青柠汁、薄荷叶、少量白蔗糖、苏打水按照一定的比例调配而成的一款鸡尾酒,其口感酸甜沁爽,非常适合夏日饮用。(见图 5-29)

配方:45 毫升白朗姆酒,

20 毫升鲜青柠汁,

薄荷叶,

2 茶匙白蔗糖,

苏打水。

工具:量酒器、吧匙。

载杯:海波杯。

调制方法:调和法。

图 5-29　莫吉托

调制过程:将薄荷叶和白蔗糖、鲜青柠汁混合,加入一些苏打水后用冰块镇满杯子,倒入朗姆酒再加满苏打水,轻轻搅拌使所有原料充分混合,即成。

装饰:薄荷叶和青柠片。

任务六　特基拉

一、特基拉概述

特基拉(Tequila)是墨西哥特有的烈性酒,是用龙舌兰(Agave)(见图 5-30)酿造而成的。龙舌兰是墨西哥特有的植物,由于它的产地主要集中在特基拉镇一带,故酿造出的酒被称为特基拉。

图 5-30　龙舌兰

　　龙舌兰从栽培到收割要 8—10 年时间,将其根部切割成块,用蒸汽锅蒸,使其糖化,经过榨汁后就可以得到一种甜味的汁液,这种汁液经过发酵和连续蒸馏,就会生产出酒精度达到 45%vol 左右的特基拉。

(一)特基拉的分类

　　根据酒的颜色以及储存年份,可将特基拉分为以下几类。

　　1. 白色特基拉

　　白色特基拉(Blanco or White Tequila)是把经过两次蒸馏后制成的特基拉储存在瓷制的酒缸中,一直保持无色,状态是完全未经陈酿的透明新酒,再经蒸馏后直接装瓶即可。不过,大部分酒厂都会在装瓶前,以软化的纯水将产品稀释到所需的酒精度(大部分是 37%vol—40%vol,少数会超过 50%vol),最后经过活性炭或植物纤维过滤,将杂质完全除去。白色特基拉酒液清亮透明,非常纯净,具有龙舌兰的芳香。

　　2. 淡色特基拉

　　淡色特基拉(Reposado Tequila)至少要在橡木桶中储存 2 个月,它带有橡木桶的味道及橡木桶的颜色,口感比白色特基拉柔和顺滑,是销量最大的特基拉。

　　3. 金色特基拉

　　金色特基拉(Gold Tequila),属陈年特基拉,此酒至少要在橡木桶中储存 1 年,但多数要储存 3 年甚至更长时间。金色特基拉的储存很多时候使用的是储存过威士忌的橡木桶,因而有来自橡木桶的金黄琥珀色泽,它的颜色比淡色特基拉深,橡木风味更突出。酒质柔顺醇厚,酒香较浓,口感较润。

　　4. 香醇特基拉

　　香醇特基拉(Aroma Tequila)在橡木桶中的贮存期一般为 2—4 年,其具有独特的色泽和香气。

(二)特基拉的名品

　　特基拉名品列举如表 5-12 所示。

表 5-12　特基拉名品列举

名称	图示	名称	图示
豪帅快活 Jose Cuervo		豪帅快活传统 Jose Cuervo Traditional	

续表

名称	图示	名称	图示
唐·胡里奥 Don Julio	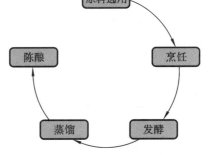	懒虫 Camino	

二、特基拉的饮用与服务

（一）纯饮

特基拉纯饮一般使用子弹杯，每杯标准分量为 1 盎司，用盐边和青柠片装饰。

特基拉的口味浓烈，香气很独特。传统方式：先将手背虎口上的海盐细末吸食，然后再将一小杯的特基拉一饮而尽，用腌渍过的干辣椒、干柠檬片佐酒可释放特基拉酒如火般的浓烈酒性，恰似火上浇油，美不胜收，也可以用新鲜的柠檬片佐酒。

（二）特基拉炮

在古典杯中先加入 1 盎司特基拉，再倒入 45 毫升—90 毫升的冰镇雪碧或苏打水，配上盐和青柠片。

特基拉兑上冰镇雪碧或苏打水，用杯垫盖上杯口，在桌上用力一敲，香甜的酒气随着透明的气泡奔涌，掀开杯垫一饮而尽。

（三）混饮

特基拉也常作为鸡尾酒的基酒。特基拉混饮中比较有名的有特基拉日出和玛格丽特。

三、特基拉的生产工艺

特基拉的生产流程如图 5-31 所示。

图 5-31　特基拉的生产流程

四、以特基拉为基酒的鸡尾酒调制

（一）特基拉日出

来历：特基拉日出（Tequila Sunrise），又称龙舌兰日出，少量墨西哥产的特基拉加大量鲜橙汁，佐以红石榴糖浆调制而成，辅以橙片等装饰。特基拉日出为夏季特饮，其

色彩艳丽鲜明，由黄逐步到红，像日出时天空的颜色，卖相极佳。（见图5-32）

配方：45毫升龙舌兰，

90毫升鲜橙汁，

15毫升红石榴糖浆。

工具：量酒器、吧匙。

载杯：柯林杯。

调制方法：调和法、兑和法。

调制过程：在杯中加满冰块，倒入龙舌兰和鲜橙汁调和，再兑入红石榴糖浆，让其沉入底部。

装饰：半片橙片或一条橙皮。

图5-32　特基拉日出

（二）玛格丽特

来历：一位洛杉矶的调酒师参加全美鸡尾酒大赛，最终获得冠军。冠军鸡尾酒命名为玛格丽特（Margarita），是想纪念他已故的恋人。1926年，调酒师来到墨西哥，与玛格丽特相恋，墨西哥成了他们的浪漫之地。有一次，两人去野外打猎，玛格丽特不幸中了流弹，最后倒在他的怀中，于是，调酒师就以墨西哥的国酒特基拉为鸡尾酒的基酒，用青柠汁的酸味代表心中的酸楚，用盐霜意喻怀念的泪水。如今，玛格丽特已成为世界经典鸡尾酒。（见图5-33）

配方：30毫升特基拉，

20毫升橙皮甜酒，

15毫升鲜青柠汁。

工具：量酒器、摇酒壶、盐边盒。

载杯：玛格丽特杯。

调制方法：摇和法。

调制过程：将所有材料加入装满冰块的摇酒壶中，摇和后倒入用盐边装饰的玛格丽特杯中。

装饰：盐边。

图5-33　玛格丽特

（三）汤米的玛格丽特

来历：汤米的玛格丽特（Tommy's Margarita）是胡里奥·柏密奥（Julio Bermejo）于20世纪90年代初在旧金山的汤米的墨西哥餐厅创作的。（见图5-34）

配方：60毫升特基拉，

15毫升龙舌兰糖浆，

30毫升鲜青柠汁。

工具：量酒器、摇酒壶。

载杯：古典杯。

调制方法：摇和法。

图5-34　汤米的玛格丽特

调制过程：将所有的材料加入摇酒壶中，加冰摇匀，滤入加冰的古典杯中。

装饰:青柠片。

(四)鸽子

来历:鸽子(Paloma)是墨西哥人的家常鸡尾酒,它拥有西柚风味和充足的气泡,让人愉悦。(见图5-35)

配方:50毫升100％纯蓝色特基拉,

5毫升鲜青柠汁,

少许盐,

100毫升西柚苏打水。

工具:量酒器、吧匙。

载杯:柯林杯。

调制方法:调和法。

调制过程:将纯蓝色特基拉倒入杯中,挤入鲜青柠汁,再加入冰块和盐,最后加满西柚苏打水,轻轻搅匀即成。

图 5-35　鸽子

装饰:青柠片。

(五)长岛冰茶

来历:关于长岛冰茶(Long Island Iced Tea)起源的说法不一,一种是长岛冰茶在1972年由长岛橡树滩客栈(Oak Beach Inn)的酒保发明。这是一款以四种基酒混制出来的饮料。调和此酒时所使用的酒基本上都是酒精度40％vol以上的烈酒。虽然取名长岛冰茶,但口味辛辣。(见图5-36)

图 5-36　长岛冰茶

配方:15毫升伏特加,

15毫升特基拉,

15毫升白朗姆酒,

15毫升金酒,

15毫升君度橙酒,

25毫升鲜柠檬汁,

30毫升糖浆,

可乐。

工具:量酒器、吧匙。

载杯:柯林杯。

调制方法:调和法。

调制过程:将所有原料倒入装满冰的杯中,轻轻搅匀。

装饰:柠檬片。

任务七　中国白酒

一、中国白酒概述

根据我国《饮料酒术语和分类》(GB/T 17204—2021)的规定,白酒是指以粮谷为主要原料,用大曲、小曲、麸曲、酶制剂及酵母等为糖化发酵剂,经蒸煮、糖化、发酵、蒸馏、陈酿、勾调而成的蒸馏酒。

中国白酒(Chinese Baijiu)的生产历史悠久,其起源有多种说法,但都未有定论。从龙山文化遗址和大汶口文化遗址中发现了许多酒具,如樽、高脚杯、小壶等,以及大量的文字记载,可以表明中国白酒已有 4000 至 5000 年的历史。

中国白酒是世界著名蒸馏酒之一,与其他国家的烈性酒相比,中国白酒大多具有无色透明、洁白晶莹、馥郁纯净、余香不尽、醇厚柔绵、润泽甘洌、口感丰富、酒体协调、变化无穷的特点,能够给人带来极大的欢愉和享受。

(一)中国白酒的分类

中国白酒的分类概况如表 5-13 所示。

表 5-13　中国白酒的分类概况

分类	内容	名品
糖化发酵剂分类	大曲酒	洋河大曲、泸州老窖
	小曲酒	浏阳河、湘山酒
	麸曲酒	二锅头、六曲香
	混合曲酒	董酒
生产工艺分类	固态法白酒	汾酒、郎酒
	液态法白酒	—
	固液法白酒	牛栏山二锅头
香型分类	清香型	汾酒、汾阳王
	浓香型	五粮液、洋河大曲
	酱香型	茅台、郎酒
	米香型	桂林三花酒
	兼香型	董酒、西凤酒

(二)中国白酒的名品

中国白酒的名品列举如表 5-14 所示。

Note

表 5-14　中国白酒名品列举

名称	图示	名称	图示
茅台		五粮液	
汾酒		剑南春	
古井贡酒		洋河大曲	
董酒		泸州老窖	
西凤酒		郎酒	

二、中国白酒的饮用与服务

中国白酒一般作为佐餐酒。所用杯具为普通白酒杯或高脚白酒杯,传统为小型陶瓷酒杯。

(一)正常饮用

白酒特香、特纯、特甘的原味由舌尖入喉,清香恣意散发,纯饮的豪情才能品酌出地道的白酒风味。

(二)冰冻饮用

由于中国白酒具有不结冻的特质,储存于冷库中的白酒冰镇后少了酒精的刺激,减缓了呛味,入喉更顺口,酒香更甘洌,炎夏饮用别有一番滋味。

(三)温热饮用

白酒热饮,口味更柔顺,香气更浓郁。寒冬酌饮,犹如暖流,通体舒泰。

(四)调味饮用

白酒内加冰块或矿泉水(冰水)的最佳黄金比例为 1:1,加入矿泉水或冰水后,会产生混浊现象,酒精度降低,适合偏好低酒精度饮用者品尝;可加热水、果汁、香槟、蜂蜜、乳酸饮料、乌梅酒等,从而品尝到不同风味。

三、中国白酒的生产工艺

中国白酒的生产流程如图 5-37 所示。

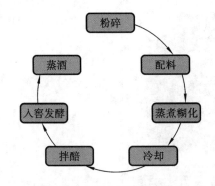

图 5-37　中国白酒的生产流程

四、以中国白酒为基酒的鸡尾酒调制

中国白酒作为世界主流七大烈酒之一,是唯一采用酒曲发酵工艺的酒品,其风味特征比较明显,在口感和呈香物质上和其他世界烈酒有相当大的区别。

早期,中国白酒过于强烈的味道让调酒师无从下手;近年来,经过中国调酒师的不断努力,独具特色的以中国白酒为基酒的中式鸡尾酒以"红色的中国风"席卷鸡尾酒届。

(一)酱新

酱新如图 5-38 所示。
设计者:金水梅、胡文高。
配方:40 毫升中国酱香型白酒,
60 毫升干姜水,
3 片仔姜片,
2.5 毫升单糖浆,
2.5 毫升鲜柠檬汁。
调制方法:搅拌法。
载杯:古典杯。
装饰:仔姜片。

图 5-38　酱新

图 5-39　浪漫之约

(二)浪漫之约

浪漫之约如图 5-39 所示。
设计者:金水梅、胡文高。
配方:30 毫升中国清香型白酒,
15 毫升草莓利口酒,
40 毫升牛奶,
10 毫升玫瑰糖浆。
调制方法:摇和法。
载杯:鸡尾酒杯。
装饰:干玫瑰花瓣。

(三)浓香蜜剑

浓香蜜剑如图 5-40 所示。
设计者:冉琼、胡文高。
配方:30 毫升中国浓香型白酒,
35 毫升菠萝汁,
15 毫升橙汁,
5 毫升单糖浆。
调制方法:搅拌法或摇和法。
载杯:郁金香形品酒杯。
装饰:柠檬皮、红樱桃。

图 5-40　浓香蜜剑

图 5-41　妙曼秋色

（五）午夜星辉

午夜星辉如图 5-42 所示。

配方：30 毫升白酒，

100 毫升可乐，

1 小袋跳跳糖。

调制方法：调和法。

载杯：古典杯。

装饰：青柠片。

（四）妙曼秋色

妙曼秋色如图 5-41 所示。

配方：30 毫升中国清香型白酒，

10 毫升红石榴糖浆，

30 毫升百香果汁，

15 毫升柠檬汁。

调制方法：摇和法。

载杯：鸡尾酒杯。

装饰：心里美萝卜、橙皮、柠檬皮、棕榈树叶。

图 5-42　午夜星辉

 教学互动

　　你是酒吧的主调酒师，顾客喜欢饮用中国浓香型白酒，请为顾客制作一杯以中国浓香型白酒为基酒的鸡尾酒。

　　教师对其进行点评。

 项目小结

　　本项目知识主要介绍白兰地（Brandy）、威士忌（Whisky）、伏特加（Vodka）、金酒（Gin）、朗姆酒（Rum）、特基拉（Tequila）以及中国白酒（Chinese Baijiu）世界七大蒸馏酒。学生重点掌握七大蒸馏酒的定义、制作工艺、服务操作以及以其为基酒的鸡尾酒的调制。学生能根据不同顾客需求，运用其掌握的酒水知识，准确地为顾客调制经典鸡尾酒或创新鸡尾酒。

 项目训练

一、知识训练

1.白兰地的定义及服务操作。

2.威士忌的定义、制作工艺及服务操作。

3.伏特加的定义及服务操作。

4.金酒的定义及服务操作。

5.朗姆酒的定义及服务操作。

6.特基拉酒的定义及服务操作。

7.中国白酒的定义及服务操作。

二、能力训练

七大基酒英式调酒操作练习：根据顾客所点基酒，请根据 IBA 配方独立完成 Side Car、Manhattan、Cosmopolitan、Singapore Sling、Cuba Libre、Tequila Sunrise 等鸡尾酒调制并服务给顾客。

（1）分组练习。2 人为一小组，分别扮演调酒师与顾客的角色，根据顾客所点基酒，向客人推荐鸡尾酒，完成鸡尾酒调制并进行相关酒水知识介绍。

（2）学生自评与互评。其他同学对每个人的表现进行组内分析讨论和组间对比互评，以加深对七大蒸馏酒相关知识的理解与掌握。

（3）教师考评。教师对各小组的讲解过程、调制过程、鸡尾酒成品进行讲评。然后把个人评价、小组评价、教师评价简要填入以下教师考评表中。

被考评人					
考评地点					
考评内容					
	内容	分值	自我评价/分	小组评价/分	教师评价/分
考评标准	熟知七大蒸馏酒的相关知识	40			
	熟知考核鸡尾酒的配方	10			
	熟练掌握鸡尾酒的调制方法及原则	10			
	熟记鸡尾酒的准备工作、调制步骤及注意事项	10			
	器具的正确使用	10			
	操作姿势优美程度	10			
	成品度、美观度	10			
合计		100			

Note

项目六
配出新心情——配制酒的
鸡尾酒调制

 项目描述

  配制酒是比较复杂的酒品,它的诞生晚于其他单一酒品,但发展迅速。配制酒的种类繁多、风格迥异,从调酒的角度来看,配制酒主要来自欧洲,品种有开胃酒类、甜食酒类、利口酒类。了解配制酒的制作工艺及其特色,有助于充分展示配制酒的香气和风味,对于以配制酒为基酒进行鸡尾酒调制有重要意义。

 项目目标

知识目标

1. 熟悉开胃酒的制作工艺及其特色。
2. 熟悉甜食酒的制作工艺及其特色。
3. 掌握利口酒的制作工艺及其特色。

能力目标

1. 熟练完成以配制酒为基酒的调酒技术操作。
2. 养成创新思维能力,能利用配制酒进行鸡尾酒创作。

思政目标

1. 养成学无止境、追求创新的科学精神。
2. 建立有主有次、注重主体风格的全局观念。

知识导图

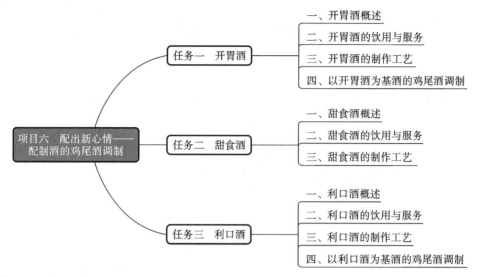

项目六　配出新心情——配制酒的鸡尾酒调制

任务一　开胃酒
- 一、开胃酒概述
- 二、开胃酒的饮用与服务
- 三、开胃酒的制作工艺
- 四、以开胃酒为基酒的鸡尾酒调制

任务二　甜食酒
- 一、甜食酒概述
- 二、甜食酒的饮用与服务
- 三、甜食酒的制作工艺

任务三　利口酒
- 一、利口酒概述
- 二、利口酒的饮用与服务
- 三、利口酒的制作工艺
- 四、以利口酒为基酒的鸡尾酒调制

学习重点

- 1. 配制酒的种类及其特点。
- 2. 配制酒的饮用与酒水服务。

学习难点

- 1. 配制酒的制作工艺。
- 2. 以配制酒为基酒的鸡尾酒调制。

项目导入

周五晚上七点，上海某五星级酒店时髦酒吧座无虚席。一位来自法国的男士向调酒师小赵点了一杯鸡尾酒，要求是开胃鸡尾酒。小赵有点懵了，因为他平时调酒没有留意哪些鸡尾酒是开胃鸡尾酒，只能急忙找酒吧主管救场。

★剖析：一位专业的调酒师，既要掌握专业、规范、娴熟的调酒技术，也应该具备丰富的酒水知识，以便能根据顾客需求，及时、准确地为顾客提供高质量的调酒服务。

任务一　开胃酒

一、开胃酒概述

1. 开胃酒的含义

开胃酒（Aperitif）又称餐前酒，主要是以葡萄酒或蒸馏酒为原料，加入植物的根、茎、叶或药材、香料等配制而成的一种酒。开胃酒的功能是刺激肠胃、增加食欲，所以开胃酒曾被作为一种药酒。

2. 开胃酒的起源与发展

开胃酒的起源与发展如表 6-1 所示。

表 6-1　开胃酒的起源与发展

国家	具体内容
希腊	医生希波克拉底（Hippocrate）用白葡萄酒、苦艾酒和芸香等为原料制作的饮料，味道相当苦涩，但可以增加病人的食欲
意大利	1786 年，意大利人安东尼奥·贝内德托·卡帕诺（Antonio Benedetto Carpano）制作了开胃酒； 1796 年，味美思（Vermouth）问世； 1862 年，比特酒（Bitter）出现

3. 开胃酒的种类

味美思	主要是以葡萄酒为基酒，然后再加入适量的植物的根、茎、叶以及各种药材浸泡而成，酒精度为18%vol左右。根据其含糖量可以分为干味美思、半干味美思以及甜味美思三种。味美思有马天尼、仙山露、干露、香百丽等代表饮品
比特酒	以葡萄酒、蒸馏酒或食用酒精作基酒，加入芳香植物以及药材配制而成，有滋补、助消化和使人亢奋的功效，酒精度为18%vol—49%vol。比特酒有杜本纳等代表饮品
茴香酒	用茴香油与蒸馏酒或者食用酒精配制而成，有明亮的光泽，浓郁的茴香味，口味浓重刺激，酒精度为25%vol左右。有潘诺（Pernod）等代表饮品

图 6-1　开胃酒的种类

二、开胃酒的饮用与服务

（一）纯饮

使用调酒杯、鸡尾酒杯、量杯、吧匙和滤冰器，做法：先把 3 块冰块放进调酒杯中，取

40 毫升的开胃酒倒入调酒杯中,再用吧匙搅拌 30 秒钟,用滤冰器过滤冰块,把酒滤入鸡尾酒杯中,加入一片柠檬。

(二)加冰

使用古典杯、量杯、吧匙。做法:先在古典杯加进 3 块冰块,取 30 毫升—45 毫升的开胃酒倒入古典杯中,再用吧匙搅拌 10 秒,加入一片柠檬。

(三)混饮

开胃酒与汽水、果汁等混合饮用,可以作为餐前饮料。

以金巴利酒为例:

(1)金巴利酒加苏打水。

做法:先在柯林杯中加进半杯冰块,一片柠檬,再取 42 毫升金巴利酒倒入柯林杯中,加入 68 毫升苏打水,最后用吧匙搅拌 15 秒。

(2)金巴利加橙汁。

做法:先在柯林杯中加进半杯冰块,再取 42 毫升金巴利酒倒入平底杯中,加入 112 毫升橙汁,用吧匙搅拌 15 秒。

三、开胃酒的制作工艺

(一)味美思酒的制作工艺

不同的味美思有不同的配制方法,干味美思酒需加入冰糖和蒸馏酒。其含糖量在 10%—15%,色泽金黄,酒精度 18%vol。甜味美思需加入焦糖调色,含糖 15%,色泽呈棕红色,酒精度 18%vol。干味美思,含糖不超过 4%,酒精度 18%vol。

味美思的制作方法有四种:

(1)在已制成的葡萄酒中加入香料直接浸泡;

(2)预先制造出香料,再按比例加至葡萄酒中;

(3)在葡萄汁发酵期,将配好的香料投入发酵桶;

(4)在制好的味美思中加入 CO_2,制成起泡味美思。

(二)比特酒的制作工艺

比特酒是用葡萄酒和食用酒精作酒基,调配龙胆草、柠檬皮等多种带苦味的植物的茎、根、皮等制成。比特酒按照精确的秘方生产出来,有时它的原料达到 50 多种。将苦味植物(特别是龙胆属植物)、渣壳、药草等浸泡在纯酒精里,得到的酒液要经过过滤,有时需加糖上色;再加上一些纯净水,使酒精度降低,这样酒可以制成酒精度从 6%vol 至 50%vol 的苦酒。现在比特酒多采用食用酒精直接与草药精掺兑的工艺。

(三)茴香酒的制作工艺

茴香酒的传统制作工艺是将大茴香、白芷、苦扁桃、柠檬皮、薄荷、甘草、肉桂等先浸泡在基酒中,然后加热蒸馏,待基酒充分汲取香味后,再进行配制。古时的茴香酒中苦艾素的含量过高,苦艾素被人体过多摄入,会造成神经系统紊乱,因此一直被许多国家禁止生产和销售。在制酒技术发展的进程中,人们终于发现了解决酒中苦艾素含量过高的这个问题的方法,那就是苦艾素可以被45%浓度的酒精溶解。如今的茴香酒分为含微量的苦艾素和不含苦艾素的两种产品。

四、以开胃酒为基酒的鸡尾酒调制

图 6-2   尼格罗尼

(一)尼格罗尼(Negroni)

(1)概况:开胃酒,短饮,酒精度 28%vol。
(2)配方:1/3[1] 马天尼甜味美思,
1/3 金巴利,
1/3 孟买蓝宝石金酒。
(3)制作方法:古典杯中加满冰块,倒入味美思、金巴利和孟买蓝宝石金酒,搅拌,再以橙片装饰。(见图 6-2)

(二)曼哈顿(Manhattan)

(1)概况:开胃酒,短饮,酒精度 33%vol。
(2)配方:5/7 黑麦威士忌,
2/7 马天尼甜味美思,
1 滴安哥斯特拉苦精。
(3)制作方法:在装有一半冰块的调酒杯中加入 1 滴安哥斯特拉苦精,以及味美思和黑麦威士忌,搅拌后,过滤到马天尼酒杯中,以酒渍樱桃点缀。(见图 6-3)

图 6-3   曼哈顿

此款鸡尾酒中,若将甜味美思换成干味美思,则此款鸡尾酒就变成干曼哈顿。

图 6-4   完美马天尼

(三)完美马天尼(Perfect Martini)

(1)概况:短饮,酒精度 41%vol。
(2)配方:1/10 干味美思,
1/10 甜味美思,
8/10 必富达金酒。
(3)制作方法:制作方法与曼哈顿相似,然后用柠檬皮和樱桃装饰。(见图 6-4)

---

[1]   此为体积比,后同。

（四）美国佬（Americano）

（1）概况：开胃酒，长饮，酒精度13％vol。

（2）配方：5/10马天尼甜味美思，

5/10金巴利。

（3）制作方法：将味美思和金巴利倒入装满冰的古典杯中，可按个人口味加入适量的苏打水，加上旋转的橙圈作装饰。（见图6-5）

图 6-5　美国佬

（五）苦艾宇宙（Absinthe Cosmo）

图 6-6　苦艾宇宙

（1）概况：开胃酒，短饮，酒精度24％vol。

（2）配方：2/10潘诺茴香酒，

4/10君度橙酒，

2/10鲜青柠汁，

2/10蔓越橘汁，

糖浆。

（3）制作方法：将各种配料放入加了冰的摇酒壶中，摇匀。过滤至鸡尾酒杯中，将一块烧焦的橙皮放入杯中。（见图6-6）

（六）死亡午后（Death in the Afternoon）

（1）概况：开胃酒，短饮，酒精度18％vol。

（2）配方：4/10苦艾酒，

6/10香槟。

（3）制作方法：将苦艾酒倒入冰镇过的香槟杯中，再加入香槟。（见图6-7）

开胃酒汇总如表6-2所示。

图 6-7　死亡午后

表 6-2　开胃酒汇总

名称	味美思	茴香酒	比特酒	苦艾酒
酒基	白葡萄酒	酒精	酒精	酒精
香料	艾草、金鸡纳树皮、龙胆等	大茴香、八角等	龙胆草、陈皮、其他香料	艾草和其他药草
酒精度	15％vol—23％vol	25％vol—51％vol	6％vol—50％vol	72％vol
用途	开胃酒	开胃酒	开胃酒、消化酒	开胃酒
最佳混合配料	苏打水、柠檬、奎宁水、果汁、酒	水、甜薄荷汁、甜柠檬汁	酒、果汁等	水和糖浆

续表

名称	味美思	茴香酒	比特酒	苦艾酒
著名的鸡尾酒	干马天尼、曼哈顿	黄鹦鹉	美国佬、尼格罗尼	死亡午后、飞翔的荷兰人

任务二　甜食酒

一、甜食酒概述

（一）甜食酒的含义

甜食酒（Dessert Wine）是以葡萄酒为主要原料制成的酒，严格意义来说，甜食酒属于强化葡萄酒。甜食酒在酿酒过程中勾兑了白兰地或食用酒精等原料，使其终止了发酵，这样可以保持酒的甜度和较高的酒精度，因此得名。欧美地区的人习惯在吃甜食或点心时饮用此类酒，其特点主要为口味较甜，酒色有淡琥珀色、暗红色和红褐色几种，根据含糖量的不同，味型从干型到甜型，酒精度通常为 16％vol—18％vol。

（二）甜食酒的种类与特点

1. 波特酒（Port）

波特酒产于葡萄牙，是最优秀的甜食酒。其生产历史悠久，已有 300 多年的历史，酿造工艺精湛独特。波特酒是通过将葡萄酒液添加到正在发酵的葡萄汁中而酿出的甜型葡萄酒，波特酒酒精度约为 20％vol。

波特酒一般为红色强化甜型葡萄酒，但也有少量干白波特酒，只有在葡萄牙杜罗河流域生产的强化葡萄酒才能称为波特酒。

波特酒根据色泽和陈酿时间，可分为五种。（见表 6-3）

表 6-3　波特酒的分类

名称	特点
白色波特酒（White Port）	一般用白葡萄酿制而成，含糖量相对较低，通常用作开胃酒
宝石红波特酒（Ruby Port）	优质宝石红波特酒一般需在桶中陈酿 8 年左右，其颜色为深红，具有果香，口味较甜
茶色红波特酒（Tawny Port）	用不同年份的葡萄酒混合而成，这类酒一般要经过 12 年左右的木桶陈酿，呈黄褐色或棕色

续表

名称	特点
酒垢波特(Crusted Port)	用不同年份生产的葡萄酒混合而成,一般需在桶中陈酿三四年后才装瓶,在瓶中会产生酒垢,滗酒时必须小心谨慎
年份波特酒(Vintage Port)	由不同年份生产的葡萄酒混合而成,有的需在瓶中陈酿 20—30 年才能出售,年份波特酒色泽深红

2.雪利酒(Sherry)

雪利酒又称雪莉酒,是一种在葡萄酒的基础上添加葡萄蒸馏酒酿制而成的精美酒品,又称强化葡萄酒(Fortified Wine)。主要产自西班牙的加德斯(Jerez)地区。雪利酒味道清新、醇美甘甜,其酒质和风格都闻名于世界。

虽然雪利酒是西班牙的国酒,但是英国人对雪利酒的喜爱程度却是世界任何国家的人都无法相比的。雪利酒是由英国人命名的(过去西班牙人习惯上称它为"Xeres",后来英国人则以其谐音命名为"Sherry")。雪利酒 400 多年前由英国人推广至世界各地,19 世纪末成为流行饮品,莎士比亚称它为"装在瓶子里的西班牙阳光"。

雪利酒的酒精度较高,为 15％vol 至 20％vol;酒的糖分是人为添加的,甜型雪利酒的含糖量一般为 20％—25％,干型雪利酒的含糖量为 0.15％(发酵后残存)。雪利酒采用索莱拉系统(Solera System)熟化。

根据葡萄品种、陈酿时间及生产过程,雪利酒主要分为两类,即菲诺(Fino)和奥罗露索(Oloroso)。

(1)菲诺(Fino)。颜色淡黄而明亮,是雪利酒中色泽最淡的酒品,以清淡著称。此酒香气精细而优雅,给人清新之感,酒精度为 15.5％vol 至 17％vol,不宜久存,最多贮存 2 年,现买现喝口感更佳,常被用作开胃酒,需冰镇后饮用。

(2)奥罗露索(Oloroso),是强香型酒品,与菲诺有所不同。它的酒液呈棕色,透明度极好,并以此而闻名。香气浓郁扑鼻,具有典型的核桃仁香,越陈越香。口味浓烈、柔绵,有甘甜之感,这主要是因为其酒体丰富而产生的错觉。酒精度一般为 18％vol 至 20％vol,也有的为 24％vol 至 25％vol。

3.马德拉酒(Madeira)

马德拉酒产于葡萄牙属地马德拉岛,该岛位于非洲西海岸。马德拉酒是用当地生产的葡萄酒与白兰地混合而成的一种强化葡萄酒,酒精度为 16％vol 至 18％vol。马德拉酒是酿造周期较长的一种酒,最好的马德拉酒不是用加温催熟的,而是利用自然的日照温和地把仓库温度提高,再经过 20 年以上陈酿方可自然成熟,有些马德拉酒窖藏在百年以上。干型马德拉酒是优质的开胃酒,甜型马德拉酒是著名的甜食酒。

4.马拉加酒(Malaga)

马拉加酒产于西班牙南部马拉加省,是一种甜型红葡萄酒。由于它同样采用索莱拉系统(Solera System)熟化,加上习惯在餐后饮用,因此把它归入甜食酒类。马拉加酒色泽深黑,酒质圆润饱满,酒精度为 14％vol 至 23％vol,较适合病人及疗养者饮用。

5.马尔萨拉酒(Marsala)

马尔萨拉酒产于意大利西西里岛西北部的马尔萨拉市周围地区。马尔萨拉酒以当地产的葡萄为原料,先酿制成白葡萄酒,然后将白葡萄酒用文火加热24小时,使之浓缩至原料体积的1/3,变成浓稠、甘甜的焦糖色液体,再按比例加入蒸馏酒勾兑,最后陈酿而成。马尔萨拉酒风格类似于雪利酒,又兼具马德拉酒的特点,酒味香醇,略带焦糖味,酒液呈金黄色,酒精度为18%vol。

二、甜食酒的饮用与服务

(1)雪利酒有的可作为开胃酒,有的作为餐后酒。菲诺常常用来作开胃酒,而奥罗露索则用来佐甜食。

(2)波特酒根据不同国家的饮用习惯而有差异:英国将其用作餐后酒;法国、葡萄牙、德国以及其他国家常用作餐前酒。

(3)甜食酒中的干型酒用作开胃酒,较甜的作餐后酒,波特酒也可作佐餐酒。

(4)甜食酒一律纯饮,不宜加入其他饮料混合饮用。饮用甜食酒一般使用专门的甜食酒杯,每杯标准量为50毫升。不同的酒品,饮用温度不同。

(5)作为餐前酒的甜食酒,需要冰镇后饮用;作为餐后酒的甜食酒,可常温饮用。另外,陈年波特酒因有沉淀,需要进行滗酒处理。

三、甜食酒的制作工艺

(一)波特酒的酿造

波特酒是先将葡萄捣烂、发酵,等酒精度达到5%vol至9%vol或含糖量达到10%时,添加白兰地终止发酵,保持酒的甜度和酒精度。经过两次过滤除渣滓的工序,然后运送到维拉·诺瓦·盖亚(Vila Nova de Gaia)酒库陈酿贮存,至少陈酿2年。最后按配方混合调出不同类型的波特酒。

(二)雪利酒的酿造

雪利酒是以西班牙赫雷斯(Jerez)所产的葡萄酒为基酒,兑以当地的葡萄蒸馏酒,采用索莱拉系统陈酿的强化葡萄酒。通常,陈酿15—20年的雪利酒品质最好,风味也达到极致。

传统的雪利酒酿造,是将葡萄采收回来之后,放置于阳光下晾晒,使水分减少,糖度提高,再运至压榨厂以脚踩碎取汁。发酵时酒不倒满,上部留出空余,葡萄酒因为空余的部分接触空气,表面会产生一层白色的浮渣,当地人称为菌花或酒花,这是由多种酵母菌体所形成的,它对雪利酒独特香味的形成有重要作用。

索莱拉系统(Solera System)陈酿是一种独特的叠桶法,此法于1908年发明,即在熟化过程中,将酒桶迭成数层。每年的销售是从最下面那一层的酒中每桶取出三分之一去销售,然后将第二层酒桶中的酒注满最底层的桶,第三层的又注满第二层的桶,如此类推,新鲜的酒液补充到最上一层的酒桶中,保证了酒质的稳定和香醇。

(三)马德拉酒的酿造

马德拉酒是以当地生产的白葡萄酒和白兰地酒为基本原料进行勾兑的强化葡萄酒。比较高级的马德拉酒是把酒储存在 600 升的橡木桶,存放在室温为 30℃—40℃ 的房间内,酿藏 6 个月到 1 年的时间,然后再静置 1 年至 2 年,封存窖藏 5 年至 10 年,最终完成酿制。而最好的马德拉酒是不用加温催熟,只利用自然的日照,温和地把仓库温度提高,再经过 20 年以上陈酿方成熟,有些马德拉酒窖藏百年。

任务三 利口酒

一、利口酒概述

(一)利口酒的含义

利口酒是 Liqueur 的音译,美国人称其为 Cordial(拉丁文),意为“心脏”,指酒对心脏有刺激作用,在法国,人们称其为 Digestifs,指这种酒有助于消化。我国有些地区称其为力娇酒。利口酒香味浓郁,含糖量高,又叫香甜酒。

利口酒是以中性谷物酒精或蒸馏酒为酒基,调入香草、树皮,以及植物的根、花、叶、果皮等,采用浸泡、蒸馏、陈酿等生产工艺,经过甜化处理(一般要加入占总体积 15% 的蜂蜜)配制而成的酒精饮品。

(二)利口酒的特点

(1)利口酒颜色娇美,气味芬芳独特,酒味甘甜,具有舒筋活血、帮助消化的作用,宜在餐后饮用。

(2)利口酒含糖量高,相对密度大,色彩鲜艳,常用来加深鸡尾酒的颜色,增强其香味,突出其个性,还可用作烹调、烘烤,以及制作冰激凌、布丁等。

(三)利口酒的分类

1. 根据酒精含量分类
(1)特精制利口酒,一般酒精度为 35%vol 至 45%vol。
(2)精制利口酒,一般酒精度为 25%vol 至 35%vol。
(3)普通利口酒,一般酒精度为 20%vol 至 25%vol。

2.根据香料物质分类

(1)果料利口酒(Liqueurs de Fruits)。以苹果、樱桃、柠檬、柑橘、草莓等的果皮或果肉为辅料,与酒基配制而成,主要采用浸泡法配制,具有天然的水果色泽,风格独特,口味清新,适宜做出即饮。

(2)草料利口酒(Liqueurs de Plants)。以金鸡纳树皮、樟树皮、当归、龙胆根、甘草、姜黄等植物及各种花类等为辅料,与酒基配制而成,该酒液一般是无色的,如果有颜色应为人工添加。这类酒属于品质较高的利口酒。

(3)种料利口酒(Liqueurs de Graines)。以大茴香、杏仁、丁香、可可豆、咖啡豆、松果、胡椒等植物种子为辅料,与酒基配制而成。通常选用香味较强、含油量较高的坚果种子,酒液无色。

二、利口酒的饮用与服务

(一)纯饮

利口酒多用于餐后饮用,以助消化。利口酒一般的纯饮方法:每份的标准用量是25毫升,用利口酒杯或雪利酒杯饮用。

因利口酒的酿制原料不同,酒品的饮用温度和方法也有差异。

(1)果料利口酒,果味越浓、甜度越大、香气越烈的酒饮用温度越低。

(2)草料利口酒宜冰镇使用。

(3)种料利口酒一般常温饮用,但茴香利口酒做冰镇处理,冷藏后饮用较适宜,可可乳酒、咖啡甜酒等利口酒可在冰桶中降温后饮用。

(二)利口酒的其他饮用方法

利口酒气味芬芳独特,色彩鲜艳,常用来增加鸡尾酒的颜色和香味,突出其个性,是制作彩虹酒不可缺少的原料。它还可以用来烹调,以及制作冰激凌、布丁等甜品。

1.兑饮法

利口酒加苏打水或矿泉水。喝前先将酒倒入平底杯中,使其体积为杯子的3/5,再加满苏打水即可;如觉得水过多,可添加柠檬汁,以半个柠檬所榨的汁为宜,再在上面加碎冰。

2.碎冰法

将碎冰倒入鸡尾酒杯或葡萄酒杯,再倒入甜酒,插上吸管即可。

3.其他

将利口酒加在冰激凌或果冻上食用;做蛋糕时用它来替代蜂蜜使用;还可以用来增加冰激凌颜色或味道。

三、利口酒的制作工艺

利口酒的制作工艺如图6-8所示。

浸渍法	将果实、药草、果皮、种子等浸泡到基酒内，再经过滤、陈酿、分离等操作而得，一般有冷浸法和热浸法两种
配制法	以发酵酒、蒸馏酒、果酒、米酒或食用酒精为基酒，加入特定加工的可食用材料，在利口酒的调配过程中需添加增色、增香、增味物质
蒸馏法	将果实、药草、果皮、种子等可食用性材料与基酒进行蒸馏而得。此方法比较适合果皮和香草类利口酒的生产

图 6-8　利口酒的制作工艺

　　浸渍法和配制法制成的利口酒常会出现浑浊沉淀现象，而蒸馏法制成的利口酒却少有浑浊沉淀现象。酒液在浸泡的过程中会出现色泽变化和盐沉淀现象，经过滤除去了大部分不溶物，剩下少部分不溶物质通过蒸馏使固、液分离，从而得到的利口酒呈无色透明状。

四、以利口酒为基酒的鸡尾酒调制

(一)碧眼(Emerald Eye)

(1)概况：短饮，酒精度为 19.4％vol。

(2)配方：1/3 甜瓜利口酒，

1/3 君度橙酒，

1/3 鲜青柠汁。

(3)制作方法：在加了冰的摇酒壶中加入以上各种配料，摇匀并过滤至古典杯中，或者倒入冰镇的鸡尾酒杯中。

(二)香港码头(HongKong Harbor)

(1)概况：长饮，酒精度为 13.3％vol。

(2)配方：2/10 橙皮甜酒，

2/10 加里安奴酒，

6/10 橙味的雪白特，即橙味无奶冰激凌。

(3)制作方法：将以上各种配料放入加了冰的摇酒壶中，摇匀后滤出倒入载杯中。

(三)马利宝日出(Malibu Sunrise)

(1)概况：长饮，酒精度为 7％vol。

(2)配方：1/3 马利宝椰子酒，

2/3 葡萄柚汁，

1茶匙红石榴糖浆。

（3）制作方法：在海波杯中加入几块冰块，倒入葡萄柚汁和马利宝椰子酒，混合；加入糖浆，不混合，使其沉淀在杯底。

（四）金色梦幻（Golden Dream）

（1）概况：短饮，酒精度为16.5％vol。

（2）配方：1/4加里安奴酒，

1/4君度橙酒，

1/4鲜橙汁，

1/4鲜奶油。

（3）制作方法：将以上各种配料放入加了冰的摇酒壶中，摇动10秒钟后过滤至鸡尾酒杯中。

（五）B-52

（1）概况：短饮，酒精度为23％vol。

（2）配方：1/3咖啡利口酒，

1/3爱尔兰百利甜酒，

1/3柑曼怡利口酒。

（3）制作方法：将以上配料用酒吧匙按顺序逐层倒入载杯中，即成。

（六）绿色蚱蜢（Grasshopper）

（1）概况：短饮，酒精度为16％vol。

（2）配方：1/3绿薄荷利口酒，

1/3白薄荷利口酒，

1/3鲜奶油。

（3）制作方法：将配料在装满冰的摇酒壶中摇匀，过滤至鸡尾酒杯中。

（七）金色凯迪拉克（Golden Cadillac）

（1）概况：短饮，酒精度为27％vol。

（2）配方：1/2加里安奴酒，

1/4白可可甜酒，

1/4淡奶油。

（3）制作方法：将以上各种材料放入加了冰的摇酒壶中，摇匀后滤出倒入载杯中。

世界知名配制酒品牌或酒类如表6-4、表6-5、表6-6所示。

知识链接

含配制酒的鸡尾酒配方

Note

表 6-4　知名开胃酒

名称	图示	名称	图示
马天尼 Martini		仙山露 Cinzano	
金巴利 Campari		杜本内 Dubonnet	
里卡 Ricard		潘诺 Pernod	
阿佩罗 Aperol		诺瓦利普拉 Noilly Prat	
飘仙 1 号 Pimm's No. 1		安哥斯特拉 Angostura	

续表

名称	图示	名称	图示
菲奈特·布朗卡 Fernet Branca		安德卜格 Underberg	

表 6-5　知名甜食酒

名称	图示	名称	图示
雪利酒 Sherry		波特酒 Port	

表 6-6　知名利口酒

名称	图示	名称	图示
咖啡甘露 Kahlua		添万利 Tia Maria	
百利甜酒 Baileys		大象酒 Amarula	

续表

名称	图示	名称	图示
金万利 Grand Manier		君度橙酒 Cointreau	
波士 Bols		蜜多利 Midori	
加利安诺 Galliano		必得利 Bardinet	
帝萨诺 Disaronno		马利宝 Malibu	
杜林标 Drambuie		当酒/廊酒 DOM	
野格 Jagermeister		蛋黄利口酒 Advocaat	

教学互动

角色扮演,模拟顾客点以配制酒为基酒的鸡尾酒,模拟调酒师根据顾客所需调制酒水。

教师对其进行点评。

 项目小结

本项目主要介绍开胃酒、甜食酒和利口酒的概念、种类特色及其制作工艺,在此基础上完成以配制酒为基酒的鸡尾酒调制。要求学生重点掌握以开胃酒、利口酒为基酒的鸡尾酒调制。

项目训练

一、知识训练

1. 开胃酒的制作工艺及其特色。

2. 甜食酒的制作工艺及其特色。

3. 利口酒的种类及其特色。

二、能力训练

以配制酒为基酒的鸡尾酒操作练习:按标准操作程序独立完成金色梦幻、绿色蚱蜢等鸡尾酒的调制。

(1)分组练习。2 人为一小组,扮演调酒师与顾客的角色,根据客人点单,完整记忆以配制酒为基酒的鸡尾酒调制程序及配方,按照调酒操作程序完成不同鸡尾酒作品的调制。

(2)学生自评与互评。其他同学对每个人的表现进行组内分析讨论、组间对比互评,加深对配制酒特色及其制作工艺的理解与掌握。

(3)教师考评。教师对各小组的调制过程、鸡尾酒成品进行讲评。然后把个人评价、小组评价、教师评价简要填入考评表中。

被考评人	
考评地点	
考评内容	

续表

	内容	分值	自我评价/分	小组评价/分	教师评价/分
考评标准	熟知考核鸡尾酒的配方	10			
	熟悉掌握鸡尾酒的调制方法及原则	40			
	熟记鸡尾酒准备工作、调制步骤及注意事项	20			
	器具的正确使用	10			
	操作姿势优美程度	10			
	成品度、美观度	10			
合计		100			

Note

项目七
创造新未来——鸡尾酒创作

 **项目描述**

　　鸡尾酒的创作过程是调酒师调酒技术与表现艺术有机结合的过程。鸡尾酒的创作是调酒师的创作灵感、创作意念和艺术修养的综合体现，既要遵循基本的调酒原则，又要将艺术灵感和技能、技巧巧妙结合，科学地进行创造，既基于现实又超越现实，从而实现鸡尾酒创作上的艺术和技术的统一。

 项目目标

知识目标
1. 归纳鸡尾酒创新的要素。
2. 解释鸡尾酒创作设计内涵。
3. 应用鸡尾酒创新的方法和步骤。

能力目标
能举一反三地创新制作一款鸡尾酒。

思政目标
1. 追求创新思维，培养独立思考与主动创新的能力。
2. 树立精益求精的工匠精神。

知识导图

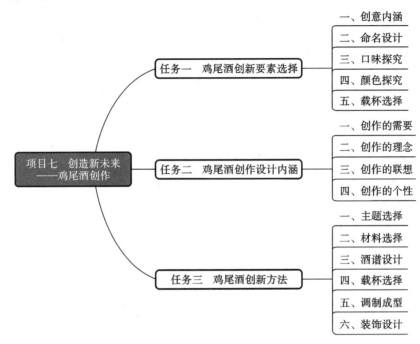

		一、创意内涵
任务一　鸡尾酒创新要素选择		二、命名设计
		三、口味探究
		四、颜色探究
		五、载杯选择

项目七　创造新未来——鸡尾酒创作

任务二　鸡尾酒创作设计内涵		一、创作的需要
		二、创作的理念
		三、创作的联想
		四、创作的个性

任务三　鸡尾酒创新方法		一、主题选择
		二、材料选择
		三、酒谱设计
		四、载杯选择
		五、调制成型
		六、装饰设计

学习重点

○ 鸡尾酒创新的方法。

学习难点

○ 1.创新主题设计。
○ 2.创新材料选择。

项目导入

鸡尾酒调制与服务

（1）要求选手根据材料清单进行自创鸡尾酒的制作及服务。比赛开始前，选手将提前准备好的鸡尾酒配方（配方提交2份，每款酒1份）交给裁判长。

（2）工作准备：选取制作创意鸡尾酒所需的工具、原材料等，做好准备工作。物品分类归档，摆放位置符合操作习惯，台面整洁。

（3）迎接顾客：礼貌问候顾客，引领2桌（每桌2位）顾客入座。

（4）点酒：了解顾客需求，为顾客推荐创意鸡尾酒。

（5）创意鸡尾酒制作：使用赛场提供的原料制作2款创意鸡尾酒（每款2杯），要求按照给出的清单进行调制，部分原料将在比赛前三天由裁判抽签或投票去除，选手在剩下的原料中选择合适的原料进行自创。

（6）鸡尾酒呈现：鸡尾酒需以正确的方式呈现（必须有装饰物，且装饰物要求2—3种，不包括吸管）。

（7）鸡尾酒服务：将调制好的4杯鸡尾酒以正确的方式分别提供给4位顾客。向顾客介绍鸡尾酒的配方和创意，与顾客保持互动。

（8）服务语言：选手必须全程使用英语进行服务。

★剖析：这是2021年全国职业院校技能大赛餐厅服务赛项中"鸡尾酒调制与服务"模块的比赛要求。要求选手在赛场根据提供的材料清单进行鸡尾酒的现场创作与调制，并提供服务。

鸡尾酒创作分有限创作和无限创作两类。有限创作是指在有限的条件（材料）情况下进行创作，无限创作是指在没有任何材料规定情况下进行的鸡尾酒创作。有限创作受到规定材料的限制，无限创作则无材料限制，调酒师可以根据自己的喜好和想象，海阔天空任驰骋，创作出属于自己的鸡尾酒。

任务一　鸡尾酒创新要素选择

一、创意内涵

将创意运用到鸡尾酒的创新与调制中，要求调酒师运用掌握的调酒技术，结合自身的艺术素养，实现鸡尾酒创新创作的过程。晶莹亮丽的酒杯、光彩夺目的酒液、恰到好处的装饰让一款鸡尾酒无论从视觉，还是从味觉方面都能给人以美的享受，使人的感官刺激得到充分满足。因此，要想调制好一款鸡尾酒，调酒师需要具备较高的艺术鉴赏力，而创作一款新的鸡尾酒更是调酒师创作灵感、创作理念和艺术修养的综合体现。

鸡尾酒的创作对于每一个调酒师来说实际上都是一种自我设计、自我超越、自我选择、自我欣赏的美学活动，而这一美学活动的实现又依赖于每个调酒师扎实的功底。他们必须对各种酒品的构成、特性有充分的认识，必须精通调酒的原理，遵循基本的调酒原则，将艺术灵感与技能技巧进行巧妙结合和科学创造。既基于现实，又超越现实，从而实现鸡尾酒创作的艺术和技术的统一。

二、命名设计

创新鸡尾酒首先应从其名称开始，为鸡尾酒起一个恰当的好名字，不但可以增加鸡尾酒的吸引力，而且对顾客更好地欣赏和品尝鸡尾酒有很大的帮助，特别是对鸡尾酒的推广，亦能起到推波助澜的作用。

从有记载的鸡尾酒历史来看，鸡尾酒的命名可谓方法各异，有以植物名字命名的，有以动物名字命名的，也有以历史故事、历史人物、自然景观等来命名鸡尾酒的，具体如表7-1所示。

表 7-1　鸡尾酒命名设计分类

序号	分类标准	鸡尾酒名称
1	以酒的内容命名	朗姆酒可乐、金汤力、伏特加 7up
2	以时间命名	忧虑的星期一、六月新娘、夏日风情、九月的早晨
3	以自然景观命名	雪乡、乡村俱乐部、迈阿密海滩、夏威夷、翡翠岛、蓝色的月亮、永恒的威尼斯
4	以颜色命名	新加坡司令、特基拉日出、绿色蚱蜢、蓝色夏威夷
5	以花草、植物来命名	白色百合花、郁金香、黑玫瑰、雏菊、香蕉芒果、樱花、黄梅
6	以历史故事、典故来命名	血腥玛丽、太阳谷、掘金者
7	以历史名人来命名	亚历山大、伊丽莎白女王、拿破仑、毕加索
8	以军事事件或人来命名	海军上尉、自由古巴军、深水炸弹、镖枪、老海军

三、口味探究

《现代汉语词典》中对"味"的解释有两层意思：一是物质所具有的能使舌头得到某种味觉的特性，即滋味；二是物质所具有的能使鼻子得到某种嗅觉的特性，即气味。可见味是滋味和气味的有机结合。人们在鉴赏酒品时，实际上是滋味、气味和触感三方面的综合感受，是味觉、嗅觉和触觉三者的协同作用。

鸡尾酒味道的形成一方面来自基酒，另一方面来自调酒辅料。通过调配，或更加突出基酒的口味特性，或形成新的口味，给顾客以全新的感觉。

我们把味道分成酸、甜、苦、辣四种典型味道（见表 7-2），另外咸味可以丰富鸡尾酒的酒体层次，增强酒的风味。

表 7-2　鸡尾酒味道分类

序号	味道	含义	来源
1	酸	尖刻、刺激	柠檬汁、青柠汁、番茄汁等
2	甜	温馨、柔和	糖粉、糖浆、蜂蜜及各种利口酒等
3	辣	火热、激烈	基酒本身的辣味，也可以出自辣椒粉、辣椒油等
4	苦	苦涩、艰辛	比特酒、金巴利、苦精等

（1）酸甜相配，刚柔相济，清新和爽。

（2）甜苦相合，热中有凉，苦中有乐，犹如寒夜之炉火、阴霾中之阳光。

（3）酸辣为伍，淋漓刺激，如炎夏之暴风骤雨。

（4）咸甜相遇，对比中有含糊，正经中有戏谑，严肃而有玩味。

凡此种种，两味复合，遂成新味，但又不难寻觅各个基本口味个性的蛛丝马迹，于云雾中见真面目。善于调味的人要善于掌握各个基本口味的特性，使其在口味的大合唱中扮演恰当的角色，构成和谐的乐章。

鸡尾酒创作能否成功，关键在于对口味的选择以及口味搭配是否能够和谐、完美，并通过口味来表达酒品的主题思想。

能否正确选择恰当口味的酒品？

应对各类酒品的基本口味特征有所了解。基酒奠定了酒品口味的基础，也是一款鸡尾酒区别于其他酒品的关键。在基酒的材料中，伏特加、朗姆酒相对较为平和；金酒含有杜松子，微苦；威士忌、白兰地带有酿酒木桶所特有的干果、咖啡等氧化风味；中国白酒除酒品本身所具有的香型外，辛辣刺激之味也非常明显。这些都是调酒师在选择材料时必须掌握的常识。

作为调香调味的辅料种类繁多，口味各异，利口酒的甜腻，柠檬汁的酸涩，茴香酒、苦精的苦等不一而足。各种口味选用时需慎之又慎，苦味选择不当或对此不甚了解，就可能会导致酒品口味怪异，让人无法接受。

虽然利口酒都是以甜味为主，但由于利口酒在酿制过程中使用的加香、加味材料不同，最终成品的口味也有很大差异。

水果香味的利口酒在调酒过程中占有很大比例，这类利口酒采用水果作为调香调味材料，成品具有十分浓郁的果香。柑橘类利口酒的酸、苦、甜，诸味和谐，容易和各种口味的酒品相调配；樱桃类利口酒口味甜腻、醇厚；杏仁类利口酒是具有浓烈、明显的杏香，容易掩盖其他酒品的味道。

用不同口味的材料经过科学组合和精心调配创造出各种口味独特的饮品是鸡尾酒创作中的又一技巧。

随着人们生活水平的改善和提高，对酒品口味的要求也越来越高，加上区域性口味的差异，使得创作鸡尾酒口味的选择余地越来越大，只要悉心研究并掌握了顾客的不同需求，创作相应口味的酒品并不是一件十分困难的事情。

作品赏析
▼

冰峪龙珠

四、颜色探究

色彩鲜艳是鸡尾酒创作的一个重要原则。在创作鸡尾酒时不但要考虑选择鲜艳的色彩，而且应考虑到色彩的与众不同，从而增加酒品的视觉效果。

一位优秀的调酒师既要深刻领会不同色彩所表达的内涵，还需要对色彩的调配原理有充分的认识，这样就可以利用有限的颜色调配出鲜艳的酒品。（见表7-3）

表7-3 不同颜色酒品的内涵

序号	颜色	内涵	酒品	扩展颜色
1	红色	活力、健康、热情和希望等	红石榴糖浆、金巴利	淡红、粉红、紫红、宝石红等
2	橙色	兴奋、欢乐、活泼、华美等	橙汁	淡黄、金黄、橙黄等
3	黄色	温和、光明、快乐等	蛋黄酒、加里安诺	淡黄、金黄、橙黄等
4	绿色	青春、冰爽、嫩雅、和平等	绿薄荷酒、蜜瓜利口酒	嫩绿、墨绿等
5	蓝色	秀丽、清新、宁静等	蓝橙酒	紫色、青灰色等
6	褐色	严肃、淳厚等	咖啡甘露、添万利、可乐类碳酸饮料	—

色彩是审美活动的重要组成部分，鸡尾酒的创作本身就是一个创造审美的过程，正

确选择色彩显得尤其重要,但是,同一种色彩针对不同的消费对象所产生的联想效果并不完全相同,因此在色彩的选择上还应考虑到成品的消费群体,根据不同消费群体的需求进行有针对性的选择。(见表7-4)

表 7-4　不同年龄段和性别对色彩的抽象联想

色彩	年龄段和性别			
	青年(男)	青年(女)	老年(男)	老年(女)
白色	清洁、神圣	清白、纯洁	洁白、纯真	清白、神秘
灰色	忧郁、绝望	忧郁、阴森	荒废、平凡	沉默、死灰
黑色	死亡、刚健	悲戚、坚定	生命、严肃	阴沉、冷淡
红色	热情、革命	热情、危险	热烈、谦卑	热烈、幼稚
橙色	焦躁、跳跃	柔和、温情	甘美、明朗	欢喜、华美
褐色	涩味、古朴	涩味、沉静	涩味、坚实	古雅、朴素
黄色	明快、泼辣	明快、希望	光明、明亮	光明、明朗
绿色	永远、新鲜	和平、理想	深远、和平	希望、公平
蓝色	无限、理想	永恒、理智	冷淡、薄情	平静、悠久
紫色	高贵、古雅	优雅、高尚	古风、优美	高贵、消极

此外,创作鸡尾酒时,应把握好不同颜色原料的用量。用量过大则颜色偏深,用量过小则颜色偏浅,颜色过深或过浅都会对酒品的整体效果造成影响,同时也会对表达酒品的主题造成影响。

五、载杯选择

鸡尾酒载杯的选择取决于酒量的大小和创作的需要。正所谓酒是体、杯是衣,人靠衣装、酒靠杯装,载杯的选择在鸡尾酒创作中起到十分重要的作用。

载杯是酒品色、香、味、形中"形"的重要组成部分,传统的鸡尾酒杯是三角形或倒梯形的高脚杯,在创作鸡尾酒时选择传统酒杯是一种常见的做法,但为了能更好地表现调酒师的创作思想,构造鸡尾酒与众不同的"形",往往在杯具的选择上需动一番脑筋。

选择自创酒载杯时一方面可以利用酒吧现有载杯,如常见的鸡尾酒杯、海波杯、柯林杯、酸酒杯等;另一方面也可以选择一些与酒品主题相吻合的特型杯,如著名的鸡尾酒酒品迈泰(Mai Tai),它是一款展示夏威夷原住民风情的著名酒品,该酒在载杯的选择上突破了普通玻璃杯的范畴,挑选了特别用陶土制成的直筒杯,杯身绘有夏威夷原住民的图腾。顾客可以一边饮酒一边欣赏夏威夷原住民的图腾艺术,又如一些酒店研制的圣诞特饮,在载杯的设计上也是别出心裁——将红衣红帽的圣诞老人形象设计成载杯,让顾客一目了然。当然,这些载杯由于造型的关系,在使用时受到一定的时间和区域的限制,难以在鸡尾酒创作时广为流传,但这对我们挑选载杯有一些启发。

另外,由于现代科技的发展,各种异型载杯也层出不穷,为我们进行鸡尾酒创作带来了极大方便。例如,一款名为"桂林之秀"的自创酒,在创作时调酒师选择了一款特大号的浅碟香槟杯,其目的是能在杯中垒起一座碧绿滴翠的青山;又如北京丽都假日饭店在龙年创作的一款名为"青龙"的鸡尾酒,选用了一只高达30厘米的细长玻璃杯,其目的是能让长长的橙皮像龙一样垂挂于杯中。此外,选择杯具时还应考虑载杯的容量,杯具容量的大小必须符合配方的需求。

干净光亮的载杯是表现鸡尾酒艺术形象的一个重要因素。因此,在选择载杯时,仔细检查载杯的卫生情况是必不可少的,载杯必须做到清洁干净,光亮无破损。除非特殊需要,一般选择载杯时,尽量不使用不透明或者带有刻纹的载杯,透明的载杯能更好地展示鸡尾酒的色泽。

任务二　鸡尾酒创作设计内涵

鸡尾酒的创作遵循的基本规律是用美好的愿望结合酒品的特质,达到色、香、味、形的有机和谐统一,让鸡尾酒丰富美好人生,点缀美好生活。

鸡尾酒的创作可以根据调酒师或顾客的需求,遵循鸡尾酒的调制规律和程序,有创造性地进行调制。但是,鸡尾酒一旦成为商品,就会创造价值,成为取得经济效益的艺术型高级饮品,在设计创作时就不能不考虑顾客的心理需求,以及更复杂的美学内涵,鸡尾酒的设计就包含了更深层次的艺术内涵。

一杯色、香、味、形都能引人入胜的鸡尾酒,实际上是一件精美的艺术品,人们从中可以寻求到无限的美的享受。设计鸡尾酒,旨在创造具有愉悦性的形式,这些形式可以满足我们的对美的需求,而美的需求是否能够得到满足,则要求我们具备相应的鉴赏力,即一种对存在于诸形式关系中的整一性或和谐的感知能力。

鸡尾酒创新设计艺术不同于其他商品的造型设计艺术,它是集绘画、雕塑、工艺于一身,形成自己独特的艺术特征,通过形式组合、光影和色调的和谐统一,给人以视觉、味觉、触觉等综合的审美感受。

在设计一款创新鸡尾酒时,调酒师首先要在自己心里唤起一段曾经的情感,之后用动作、线条、色彩等表达出来。

在众多的鸡尾酒中,能从酒的色彩组合、变化等方面展示美感的是"彩虹酒"。据说在19世纪,美国伊利诺伊州的舞蹈家去法国进行艺术舞蹈表演,他们以罕见的舞步和华美的舞衣,震撼了那些蜂拥而至的法国人。沉醉在舞蹈家优美舞姿中的法国人看过表演后,眼前总是浮现出那色彩斑斓的舞衣。于是,他们便从美酒之中去寻求那种情感的释放,并从中得到了灵感,调制出"彩虹酒"。只要有足够深厚的功底,就能调出犹如舞蹈家优雅的舞步般曼妙又能让人觉得艳丽非凡的鸡尾酒。同时,还可以根据顾客的需要进行色彩的转换和调整。

鸡尾酒的创新设计过程本身就是一件艺术作品的创造过程和一个审美的过程。根据需要,形成创作的理念,达到确立创意的目的,再通过联想形成独具个性特色的艺术酒品。

一、创作的需要

需要是有机体的内部环境和外部生活条件的要求在人脑中的反映,它通常以意向、愿望和动机的形式表现出来。需要是人们在一定条件下对客观事物的需求,是人们多种活动的基本动力。

鸡尾酒的创作本身也是为了满足调酒师或消费者某一方面的需要而进行的一项设计创新活动。一般情况下,人们设计创作鸡尾酒的目的主要有两个:一是宣泄感情,实现自我;二是刺激消费,创造效益。

"宣泄感情,实现自我"的需求者们希望借助各种酒在混合调配中产生前所未有的精神冲击波。通过设计创作出的新款鸡尾酒表达感情,抒发情怀,在创新中发现自我、实现自我,达到诱发情感、激励奋进的目的。这种自我实现,就是使人能够充分把自我中潜在的东西转变成现实的一种基本倾向,使一个人潜在的能力得到最大的发挥。例如,祖国的名山大川、秀丽风光激发了我们的设计灵感,设计出一款款富有特色的鸡尾酒,以表达对祖国大好河山的赞美,并由此而激发更深更浓的爱国之情,同时在设计创作中又使自己的创作思路得以拓宽,创新思维能力得到锻炼。

"刺激消费,创造效益"的创作目的就是使设计创作的鸡尾酒品转变为商品,使之能为经营者带来应有的经济效益。出于这种目的而设计创新鸡尾酒,就必须要充分考虑顾客的消费心理的需求,以及作为商品的功能性特征,并根据这些要求进行材料的配置,以满足顾客的需要,达到刺激消费、创造经济效益的目的。同时,还应综合考虑经营场所及经营者、调酒师的知名度等诸多因素,营造销售氛围,创造消费条件,使设计出的产品能真正地引起人们的消费欲望,促进产品的销售,满足众多顾客的需要。

二、创作的理念

理念,即构思,是人们根据需要而形成的设计导向。

理念是一款鸡尾酒设计创作的思想内涵和灵魂,是鸡尾酒能否具有艺术感染力的要素。例如血腥玛丽鸡尾酒的设计,因为认为玛丽一世很残酷,便在酒中加入鲜红的番茄汁,渲染血的力度,使这款鸡尾酒变得血一般鲜红,其理念是非常清晰和鲜明的。

只有调酒师理念明确,才能恰当地选择基酒和其他配料,运用各种艺术手段,体现新颖的构思,最后将其视觉化,特别是作为商品而设计创作的鸡尾酒,更要理念清晰,善于思考和挖掘,并能随着社会需求的变化而不断形成新的理念。例如,一款名为红美人(见图7-1)的自创酒的创作理念为:"红美人,年轻的面庞红润娇艳,体态丰盈而美丽;为梦想而生活,因不变的爱而美丽""品酌,清香在口,

图7-1　红美人

旋律在耳,一时情感如春水在胸中萌动,倾诉着萦绕在心头的回忆"。设计者有感而发,形成了独特的创作理念。

三、创作的联想

联想，是内在凝聚力的爆发、情感的释放，是激发感染力的动力。鸡尾酒之所以能超出酒的自然属性，以其艺术魅力扩大消费群体，很重要的原因之一就是鸡尾酒让人产生联想。一款鸡尾酒的设计，要以色彩、造型、气味、口感为媒介，来表现深藏在设计者内心中的各种情感，如果失去联想，也就丧失了鸡尾酒的内在价值，又回归到它的原始属性。

图7-2　三生三世十里桃花

我们虽然没有到过大草原，但读到"天苍苍，野茫茫，风吹草低见牛羊"时，头脑中就会浮现出一幅草原牧区的美丽图景：蓝蓝的天空下，一望无际的大草原，微风吹动着茂密的牧草，不时显露出草原深处的牛羊。如果我们没有联想，就无法真正体会出这句诗的美妙意境。鸡尾酒的创作同样需要有联想的要素，这样才能使人们更好、更准确地领悟每一款酒的真正含义。例如，一杯名叫"三生三世十里桃花"的鸡尾酒（见图7-2），创作灵感源自风靡一时的电视剧《三生三世十里桃花》，调酒师从电视剧中主人翁三段缠绵的爱情故事引发联想，采用摇和法与兑和法相结合的方式，调制出三层的酒品，寓意三生三世，虽然每一层颜色深浅不一，但始终不变的是整个酒品呈现的桃色，寓意着三生三世都不变的爱。心形桃片装饰寓意着一颗不变的爱心。桃花灼灼，枝叶蓁蓁，十里桃林，三世情缘，皆始于一杯三生三世十里桃花鸡尾酒。

美之所以能使人的价值得到提升，是因为可以通过联想让人的情感得到释放。如果鸡尾酒的设计排除联想的可能性、必然性，失去它美的诱惑力，就必然只存在纯理性的酒的本性，也许只会"举杯消愁愁更愁"。酒之所以能消愁，是因为酒的自然属性，酒的刺激作用会使人神经麻痹或兴奋，使人求得生理上的暂时平衡，但它并不能也不会架起更广阔的联想桥梁。单一的酒品只存在质量的高低、口味的好坏，其味觉效果孤立、单一，能引起人联想的空间有限，一旦某个单一的酒品通过调配变成鸡尾酒，它便被注入了无限的美，可以借助联想将人带入美的境界。因此，在设计鸡尾酒时，利用一切可利用的契机去增强创作的联想效果是至关重要的。

四、创作的个性

个性在心理学中指在一定的社会历史条件下的具体个人所具有的意识倾向性，以及经常出现的、较稳定的心理特征的总和。

个性是在社会交往过程中形成的，脱离了人群就没有个性可言。个性由多方面相互联系、相互作用的个性成分所组成，每个人的个性具有无限的丰富性和巨大的差异性。

　　鸡尾酒的创作过程能充分体现创作者的个性特征。毕竟可以用于鸡尾酒调制的基酒、辅料不管种类有多少,载杯款式翻新再快,装饰物再层出不穷,也是有限的,并不是取之不尽、用之不竭的。但是,通过创作者的创造,并在调制过程中将不同元素进行有机组合,设计出个性特征突出的鸡尾酒,这种设计创作是无限的。所以,在设计创作新款鸡尾酒时,一方面是调酒师对客观的审美意识的反映,另一方面会显示出调酒师主观的个性。

　　每个人的知觉范围往往会受其个性的限制,但凡超出其知觉范围的事都很难被选择,同一个对象在不同的个人身上会获得不同的反映。鸡尾酒创作的目的不同,在其创作的产品中,个性特征的反映也不一样。就以"宣泄感情,实现自我"的设计需求为例,这类鸡尾酒在设计创作时可以无限地去发挥个性,施展调酒师的才华,完全有可能创作出非常有特色的作品,为鸡尾酒世界增添无尽光彩。然而,个性也可以适应,并能在不断适应的过程中有所提升或削弱。从调酒师自身考虑,首先应充分发挥其主观能动性,充分展现其个性所形成的风格,标新立异,出奇制胜,创作出优秀作品。同时,人在不断加深对客观认识的过程中,由于个性适应也会形成异化,这种异化对我们开拓新思维、挖掘新方法有很大帮助。

　　此外,任何一款鸡尾酒,特别是新创作的鸡尾酒,无论是在口味上还是在造型特征上都要做到与众不同、别具一格,这样才能吸引人,才能引起顾客的注意,受到顾客的喜欢。这种与众不同实际上就是顾客个性特征的体现。

　　我国鸡尾酒的调制与创作正处于起步阶段,还没形成一支技术力量雄厚的专业调酒师队伍。因此,强调创造的个性,发挥鸡尾酒调制的自娱功能,鼓励人人参与是我们当前阶段要做的。

任务三　鸡尾酒创新方法

　　鸡尾酒调制的目的是混合两种以上的材料,产生令人愉悦的美味,它好比一首曲子,每个音符都有它特殊的功能与地位。

　　学会调酒并不是一件很难的事,但要学会创作一款色、香、味俱佳,又易推广的鸡尾酒却不是一件很容易的事。对于任何一个调酒师来说,扎实的酒品知识和过硬的调酒技巧是创作鸡尾酒的基础,同时,富有想象力和具备一定的艺术鉴赏能力也是创作鸡尾酒必不可少的条件。只要勤于思考,肯钻研、多动脑、多学习,创作鸡尾酒并非多难的事情。

　　鸡尾酒的创作一般包括主题选择、材料选择、酒谱设计、载杯选择、调制成型、装饰设计等几个步骤。

一、主题选择

　　一款好的鸡尾酒带给人的不仅仅是感官的刺激,更多的是视觉艺术的享受、精神的享受。鸡尾酒能否有完美的境界归根到底在于酒品创作主题的选择，即立意。

鸡尾酒这种源自生活，同时又能丰富人类生活的物品，是人类思维活动和思维变化的产物。人们借助自身的奇思妙想创造出鸡尾酒，并且在生活中不断产生灵感，形成新的构思，创造出更多新颖的鸡尾酒。

好的创意来自良好的创新意识。

第一，求知欲。求知欲望是指对学习掌握新知识的欲望。鸡尾酒的创作涉及酒品知识、酿造学、色彩学、美学等诸多学科的知识。只有不断学习，不断钻研，才能为创作新品打下坚实的基础。

第二，好奇心。好奇心是创意、创造的萌芽，没有好奇心，就不会有创意思维。强烈的好奇心可以帮助人们选择创意方向，捕捉创新信息，激发创作思路，驱策创造行动。

第三，创造欲。创造欲是一种不满足于现有的思想、观点、方法等，而想在已有基础上标新立异或推陈出新的强烈欲望。有强烈创造欲的人富于进取心，并富有创新意识。

第四，大胆质疑。质疑是创新之始，没有疑问，就不会有创意。巴普洛夫说过：怀疑，是发现的设想，是探索的动力，是创新的前提。要想有新的创意，就得先有问题。人类的认识和实践总要不断地发展，要跟上时空的发展，不断有新的创意。

鸡尾酒的主题选择是关键，有了好的主题创意才有可能产生有特色的产品，调酒师才能据此选择相应的调酒材料，利用不同的表现手法进行构思、创作，并借助联想，为鸡尾酒注入丰富的内涵，增强鸡尾酒的视觉效果。

鸡尾酒创作通过立意形成创作主题。主题选择是多方位、多层次的，既可以源于一事一人，也可以源于一景一物，触景生情，因事抒意，通过创作的鸡尾酒来表达对美好事物的憧憬和向往。（见表7-5）

作品赏析

▼

醉霓裳

表7-5   鸡尾酒创意来源类型

序号	类型	含义	范例
1	因事得意	根据一些重大事件或有历史意义的事件产生联想	沙漠风暴、东方明珠、归航
2	触景生情	大自然的美好景色历来是各类艺术创作的极佳素材	桂林之秀、三峡情、海上生明月、版纳晨曦、丝绸之路、江南水乡
3	闻乐起意	通过有组织的乐音形成的艺术形象，表达人们的思想情感，反映社会生活的艺术	无尽的爱、小夜曲、故乡的云
4	爱情题材	通过鸡尾酒色、香、味、形的形象手法来表现爱情的酸、甜、苦、辣	庐山恋、雨中情、缘、两人世界
5	影视题材	通过对这些影视片深刻内涵的理解产生创作理念	泰坦尼克号、冰海沉船、冰山来客
6	典故类题材	形象地表明历史人物的个性特征，揭示耐人寻味的人生哲理，反映社会风采，巧妙运用典故，形成设计鸡尾酒的丰富创作理念	满江红

　　此外,时间、空间、人物、文化、艺术等方面的因素都可能会使我们产生创作灵感,形成创作理念。

二、材料选择

　　选择调配材料的关键是要对各种酒品的特性有充分的认识,这些特性包括酒品的生产原料、生产工艺、口味特征、色泽变化、酒品比重等,如果对这些知识不了解,在酒品调制时就很难取得理想的效果。

(一)基酒的选择

　　鸡尾酒是由基酒、辅料和装饰物等构成。可以用作基酒的材料有很多,如金酒、朗姆酒、伏特加、威士忌、白兰地、特基拉、葡萄酒、香槟等,在这些酒品中,较常见的是金酒、伏特加和朗姆酒,这几种酒的特点是无色透明,酒性温和,易于和其他调配材料相调和,易于与各种有色酒相调配而不改变酒的色泽。中国白酒目前也逐步开始被引入鸡尾酒的调制之中,但是使用中国白酒作基酒时必须特别小心,因为中国白酒具有非常明显的香型特征,而且有些酒品酒香十分浓郁。因此,在选用中国白酒作基酒创作鸡尾酒时,一方面必须注意酒品的香型,另一方面在用量上必须恰到好处。

(二)辅料的选择

　　鸡尾酒调制的辅料品种很多,酒性各异,选择辅料是选择调酒材料过程中最需要技术的。要准确表现酒品的色、香、味,以及表达创作者的情感,调酒辅料的选择至关重要。

　　调酒辅料的选择是围绕鸡尾酒的创意进行的,无论是酒的颜色,还是口味都要能非常贴切地表达作者的创作思想。在选择辅料时要着重注意颜色和口味。

　　可以用作鸡尾酒调制的辅料品种很多,主要包括:

　　(1)各种利口酒。这是构成鸡尾酒口味和颜色的重要材料,创作时需要根据调酒师确定的主题、要表达的意境等进行选择。同时,也需要考虑利口酒色泽、口感上的匹配。

　　(2)各类果汁。果汁在鸡尾酒创作中可以起到增色、缓解酒味等功能,柠檬类果汁还有调酸作用。创作鸡尾酒时要尽量使用鲜榨果汁或包装好的新鲜果汁,浓缩类果汁尽可能少用,即使使用也要根据需要调配好比例,避免其对酒品口味产生不好的影响。

　　(3)各类碳酸饮料。由于在碳酸饮料生产方法、生产过程中添加的添加物不同,口味也各不相同。在鸡尾酒创作时,使用碳酸饮料既可以丰富酒品的口感,也可以增加酒水的总量,特别是长饮类自创酒,苏打水、汤力水、姜汁汽水等都是常见辅料。

　　近年来,在各类调酒比赛中出现了一些使用鲜花、香草、水果酿制基酒和作为调酒材料的做法,也不失为一种创新方式,关键是要把握好这些改良酒的口味,要通过调制,起到增味、增色效果,又不失酒品自身的特质。

　　在口味调制中,还需要掌握不同酒品的口感和混合技巧,通过巧妙设计,可以调制出口感丰富,满足不同人群需要的酒品。(见表7-6)

表 7-6   不同酒品的口感和混合技巧

材料	味道
奶类制品、鸡蛋和各种口味独特的利口酒	绵柔香甜、圆润纯滑
柠檬汁、青柠汁等酸型果汁,及利口酒、糖浆等	酸甜适度、酒香浓郁
各种新鲜果汁、利口酒	果香浓郁、柔润爽口
各类碳酸类饮料,及不同颜色、口味的利口酒	清凉

三、酒谱设计

酒谱即标准配方,是保证酒品色、香、味等诸因素达到标准和要求的基础,因此,不论创作什么样的鸡尾酒,都必须制定相应配方,规定酒品主辅料的构成,描述基本的调制方法和步骤。

标准酒谱包括鸡尾酒的名称、载杯、主辅料及用量、调制方法、创意、口感特征等几个方面。标准酒谱一方面作为专业规范的要求,另一方面对宣传、推广酒品也有一定帮助,表 7-7 就是一则自创酒配方的酒谱。

表 7-7   自创酒标准酒谱

创作者:

酒名	雨夜情 Affecting in Raining Night	成本	10.90 元
类别	鸡尾酒	售价	25 元
载杯	鸡尾酒杯	毛利率	56.4%

调制方法	摇和法				
用料名称	用料单位	数量	单价/元	金额/元	备注
伏特加	盎司	1.5	4.80	7.20	
蓝橙酒	盎司	0.5	5.00	2.50	
红石榴糖浆	盎司	0.5	2.00	1.00	
红樱桃	个	1	0.20	0.20	
合计				10.90	
调制步骤	(1)在调酒壶中依次加入 0.2 盎司红石榴糖浆、0.5 盎司蓝橙酒和 1.5 盎司伏特加; (2)加冰块; (3)充分摇匀后滤入鸡尾酒杯; (4)将 0.3 盎司的红石榴糖浆沉入杯底; (5)用红樱桃挂杯扣装饰				

续表

创意说明	伏特加代表热烈、激情,蓝橙酒的加入增添一丝清凉,产生雨中与情人散步的遐想。红石榴糖浆以其红色和甜蜜既表达了雨中对爱情的一种无法抗拒的冲动和兴奋,又犹如一股暖流在心中激荡。 整款酒无论从色彩还是口味上都让人感到爱情的隐隐约约、扑朔迷离
口感特征	该酒以蓝橙酒和红石榴糖浆的甜中和了伏特加的烈,使酒品刚中有柔,柔中有刚,刚柔相济,回味悠长

　　自创酒的配方是围绕着创意进行设计的,通过明确的创意进行主辅料的合理选择和配比,对调制出的酒品进行色、香、味、形等方面的鉴赏和评估,不断进行调整,最后形成酒品。配方制定,酒品的构成也最终确定,酒品的好坏以及能否被顾客最终认可,关键在于调酒师对鸡尾酒创作原则的掌握程度。

　　在鸡尾酒的创作原则中,易推广性是一个非常重要的原则。所谓易于推广,除制作方法简单易操作,能满足顾客的口味需要外,经济实惠也是一个十分重要的创作要求,可通过制定配方,达到有效控制成本的目的。

　　任何一款鸡尾酒,特别是当作商品销售的鸡尾酒都必须进行严格的成本控制,而鸡尾酒进行成本控制的重要手段之一就是制定标准配方。每款酒品都必须在标准配方中明确规定基酒、辅料以及装饰材料的用量,并根据各种酒品的进货价计算出每款鸡尾酒的成本以及该酒的售价和成本率。此外,一旦标准配方形成,就不再轻易更改,要确保所调制出的鸡尾酒的品质统一。

四、载杯选择

　　选择创新鸡尾酒的载杯是鸡尾酒创作的重要工作之一。载杯是体现鸡尾酒"形"的重要载体,载杯选择正确与否,不但影响成品的形象,也会影响成品的出品。

　　选择创新鸡尾酒载杯的注意事项:
　　(1)尽量使用酒吧原有杯具,减少不必要的采购成本。
　　(2)载杯形状与创作主题要相匹配。
　　(3)载杯容量与创新酒品的酒量匹配。
　　(4)尽量不使用或少使用彩色或带有刻纹的载杯,以保证酒品色彩的真实呈现。
　　(5)要保持载杯的清洁卫生和完好无损。

五、调制成型

　　创新鸡尾酒在调制过程中,必须注意两点:一是调制方法的选择,二是根据创作意图进行配方修改。

　　自创酒在调制方法的选择上应该遵循鸡尾酒调制的基本法则和规定,可在此基础上根据创作主题或根据调酒师的想象加以改良。按照国际惯例,创新鸡尾酒必须采用摇和法进行调制,也就是说,任何一款自创的鸡尾酒品都必须用摇酒壶摇制而成,或者在调制方法中必须包含摇和法。

调制方法的选择也能反映出调酒师的创作思路和意图。为了使创作的鸡尾酒与众不同、更具吸引力，很多调酒师在选择调酒方法时往往根据酒品或主题的需要，选择两种或两种以上的方法，其目的一是增加制作难度，二是增加调制过程中的表演性。常见调制方法的组合有摇和与搅和组合、摇和与兑和组合、摇和与调和组合、摇和与漂浮组合，还有摇和、搅和、兑和组合等，选择何种组合、何种方法完全根据创作需要。

鸡尾酒创意的形成，配方的制定仅仅反映了创作者的一种良好愿望，如何将这一愿望付诸实施，使创作的酒品受到顾客喜爱，将理想变为现实，这是一个理论到实践的飞跃，为了使这一飞跃能顺利实现，创新鸡尾酒在调制过程中必须对设计的配方进行重新评估，调制而成的鸡尾酒在色、香、味等方面是否与创意相吻合，能否完全表达调酒师的意图，需要对酒品进行再次检验，对已形成的配方进行调整应是微调，即对配方中各种材料的用量进行适当调整，使酒品的色、香、味等因素更和谐，更能充分表达创作意图。这种调整就如同做物理化学试验一样，有时需要经过无数次的失败才能取得成功，一旦调整结束，最终的配方就形成了，此时再根据经营的需要，将它制作成标准酒谱，列入酒单进行销售。

六、装饰设计

艺术装饰设计是鸡尾酒调制的最后一道工序，创新鸡尾酒也不例外。鸡尾酒装饰的目的有两个：一是调味，二是点缀。鸡尾酒的装饰并无固定模式可循，完全取决于调酒师的审美，特别是用于点缀的装饰，调酒师完全可以根据自己的喜好，结合创作要求任意发挥。

可用于鸡尾酒装饰的材料很多，其中使用较多的是各类水果，如柠檬、橙、苹果、香蕉、菠萝、白兰瓜、樱桃等，水果既可以切成片、块、角装饰，又可以利用果皮甚至整个水果进行装饰，也可以根据需要将它们雕成各种造型，通过这些造型来表达酒品的主题思想。例如，在无尽的爱这款鸡尾酒中，调酒师取橙的八分之一，使其皮肉分开，将橙皮切成阶梯状垂于杯口，以此来表达无尽无止的漫漫的人生之路，构思巧妙，造型生动，使人对酒品所要表达的意韵一目了然。（见图7-3）

除水果外，可用于鸡尾酒装饰的材料还有很多，如各种花草、各类艺术酒签、小花伞等，它们都可以通过调酒师之手构成各种造型。

制作装饰物是调酒师表现其艺术才华的极好机会。通过装饰物的制作，调酒师可以将自己的艺术才华淋漓尽致地发挥出来。装饰艺术，以形式美的规律和法则为其基本依据，运用各种材料，采用各种手法以达到最完美的装饰效果。

不同的装饰手法、不同的装饰风格，其审美意义也不完全相同，会带给人不一样的心理感受，鸡尾酒的装饰道理也是一样。以下列举了几种不同的装饰风格及其所带给人们的审美感受。

图 7-3　无尽的爱

（一）繁缛与简洁

这是用来形容装饰的整体效果的描述。繁缛指产品的装饰风格，无论在造型的形式结构上，还是色彩的对比搭配上，或是在线条的变化曲折，乃至装饰材料的选择上都偏重于精雕细琢，特别强调装饰意味。简洁则是在造型上尽可能简单，线条变化流畅，色调简单。

随着时代的发展，生活节奏的加快，生活方式的简化、方便、快捷、灵活、轻巧、简洁、大方的装饰品越来越受欢迎，特别是鸡尾酒这样的小件"艺术品"，其简洁的装饰不但不会掩盖酒品的功能，而且更能衬托其整体之美，使人一目了然。

（二）古雅与明快

这也是用来形容产品外观装饰效果的一对词语。被认为具有古雅之美的产品往往构图严谨，色彩凝重，讲究传统，寓意深刻，耐人寻味；明快则是给人一种明朗、欢快之感，这类装饰一般花色图案自由活泼，线条奔放流畅，色彩鲜艳明亮，给人的感觉是轻盈俏丽、健康清新，并且富有情感意味，使人感到亲切动人。

（三）华美与含蓄

这是用于体现产品在造型、色彩、装饰风格上综合效果的描述。华美是指一件产品的装饰风格可以强烈地刺激人的感官，能够一下子抓住顾客的心。这样的产品往往造型精巧别致，色彩浓艳华丽，形象生动逼真，材料昂贵稀有，充分体现了调酒师技巧的高超精湛，因而它具有一种夺人的气魄，给人一种富丽堂皇的华丽之美，也正因为如此，产品本身应有的实用价值被顾客忽视。例如，有一款名为"生命畅想曲"的自创鸡尾酒，其酒品本身品质一般，但装饰十分华丽，一块精致的杯垫上支撑着一张色彩斑斓的 CD 碟片，映衬着淡淡的一杯鸡尾酒。这种华而不实的做法违背了鸡尾酒创作的初衷。

含蓄的装饰往往初看起来并不使人感到新奇，也没有引人注目的观感，却十分耐人寻味，可以长时间地吸引人的注意力，这类装饰一般来说造型优美动人，色彩淡雅宁静，装饰手法朴素亲切，它虽不能引发人的冲动，却令人越看越爱，越欣赏越感兴趣。例如，一款名为"兰花盛放"的鸡尾酒，其酒品本身清新爽洁，仅用一支盛开的兰花挂杯装饰，简洁明快，意味深长，看似平淡，却能起到画龙点睛之妙用。又如一款名为"两性依依"的鸡尾酒，装饰两颗红色的樱桃，代表两颗紧紧相依的年轻的心，其寓意含蓄委婉，既很好地表达了酒品的主题，又能吸引人的注意力，使人产生无限的遐想，可谓匠心独具。

如果说华美给人的感受如电闪雷鸣，一下子引起人的惊叹兴奋，又很快消失的话，那么含蓄给人的感觉就好似绵绵细雨，慢慢沁入人的心田，而且令人久久回味。

装饰物只是鸡尾酒创作的一个极小部分，虽然对其制作没有明确的限制和规定，但从调酒的实践来看，仍然有一些规则可循。

（1）材料选择要恰当，易于推广是鸡尾酒创作的一条重要原则。装饰材料的选择必须具有一定的普遍性。虽然鸡尾酒创新鼓励使用一些独特的装饰材料和新材料，但不主张使用冷僻、地域性很强或季节性很强的材料，因为这些材料对鸡尾酒的推广和普及有较大影响。例如使用干冰制造迷雾效果,如果使用得当确实可以使酒品的艺术效果得到升华,但毕竟干冰并不十分普遍可得,并且无形中会造成成本的增加,使得这种能产生较好效果的材料在使用上受到限制。

(2)装饰品制作宜简不宜繁。鸡尾酒的装饰物重在点缀,妙在画龙点睛,切忌繁杂喧宾夺主。一方面是酒品易于推广的需要,过于繁杂的装饰物给制作带来困难;另一方面也是人们审美的需要。同时,鸡尾酒在调制时间上也有要求,任何一款鸡尾酒,在调制完成后应该在最佳时间内递送给顾客,这个最佳时间一般为鸡尾酒调制完毕 3 分钟内,超过这个时间,酒品温度升高、酒品中一些调配材料口味的变化都会使酒品失去应有的风味。因此,在鸡尾酒调制好后应迅速装饰好,尽快递送给顾客,如果装饰物过于复杂,装饰花了过多时间,将对鸡尾酒的风味产生很大影响。此外,过分复杂的装饰物也影响了顾客对酒品的品尝,使得酒品有华而不实之嫌。因此,任何一款鸡尾酒的装饰物都应当遵循简洁易操作的原则,切不可哗众取宠、主次不分。

任何一款鸡尾酒,其外观都应该有很大的吸引力,艺术装饰往往会成为一款酒的标志,饮用者看到盛载的杯子、酒品的颜色,以及它的装饰物,也就可以大致猜到它是一杯什么款式的鸡尾酒或哪一类酒品。鸡尾酒的艺术装饰物,除了能够让人欣赏到其别致的造型,其富于变化的色彩还能给人以视觉上美的享受,并让人产生一系列丰富的联想,使鸡尾酒的艺术美得到进一步升华。同时,不断更新、变化的装饰物制作,也激起了人们尝试鸡尾酒调制的更大乐趣。

当然,近几年在鸡尾酒创作中出现了一种过分使用酒品以外装饰物的现象,即在自创酒出品时大量使用酒品以外的装饰物,其本意是想通过这些装饰物来充分表达创意,殊不知这样违背了鸡尾酒创作的原则,更不利于创新鸡尾酒的推广和销售。这种做法不宜提倡,这个现象应该引起足够重视。图 7-4 至图 7-6[①] 中显示的就是 2017 年全国职业院校技能大赛高职组西餐宴会服务赛项创意鸡尾酒模块中的一些作品,仅供参考。

图 7-4 鸡尾酒参赛作品(1)　　图 7-5 鸡尾酒参赛作品(2)　　图 7-6 鸡尾酒参赛作品(3)

---

① 特别说明:本任务中作品赏析以及相关照片均选自 2017 年全国职业院校技能大赛高职组西餐宴会服务赛项调酒模块的创新酒作品,鉴于大赛的特殊性,部分作品只能标注参赛作品号,无法标注作者,在此表示歉意,并表示感谢。

Note

教学互动

1.学生以小组为单位,讨论确定一个创新鸡尾酒主题,写出创新鸡尾酒酒谱和创意说明,课堂交流。

2.小组互评,教师点评。

项目小结

　　　　本项目围绕创新鸡尾酒主题创意的选择,创新鸡尾酒材料、载杯、装饰物等的选择,结合2017年全国职业院校技能大赛西餐宴会服务赛项创意鸡尾酒作品进行分析和阐述,旨在为学生学习鸡尾酒创新知识和技能提供指导和帮助。

项目训练

一、知识训练

1.鸡尾酒创新主题选择的途径有哪些?

2.鸡尾酒创新中口味选择需要注意的事项是什么?

3.创新鸡尾酒载杯选择的方法有哪些?

4.创新鸡尾酒装饰设计的要点有哪些?

二、能力训练

1.选择一段经典音乐或电影,学生以小组为单位,根据所思所想,讨论形成鸡尾酒创新概念,并据此深化,形成一款创新鸡尾酒。

2.选择2—3款创新鸡尾酒,学生以小组为单位,讨论鸡尾酒装饰物设计的优劣,并总结提炼出鸡尾酒装饰物设计制作的要领。

项目八
构筑新天地——酒吧与酒吧设计

 项目描述

    本项目内容重点介绍酒吧的概念、酒吧的分类与经营特点、酒吧布局设计与氛围营造、酒吧常用设施设备配置,以及酒单、酒谱设计。通过学习,加深学生对酒吧行业的认知,提高学生艺术鉴赏与运用能力。

 项目目标

知识目标
1.掌握酒吧的概念和酒吧的分类与经营特点。
2.熟悉酒吧布局设计及氛围营造。
3.了解酒吧常用设施设备,以及酒单和酒谱的设计。

能力目标
1.正确完成酒单和酒谱的设计。
2.正确使用酒吧常用设施设备。

思政目标
1.养成观察、分析、操作能力,树立"匠"心精神。
2.建立酒吧职业岗位认同感,养成爱岗敬业精神。

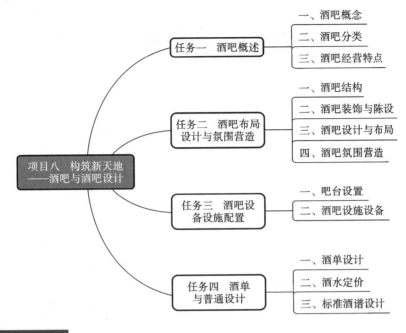

知识导图

项目八　构筑新天地
——酒吧与酒吧设计

任务一　酒吧概述
- 一、酒吧概念
- 二、酒吧分类
- 三、酒吧经营特点

任务二　酒吧布局设计与氛围营造
- 一、酒吧结构
- 二、酒吧装饰与陈设
- 三、酒吧设计与布局
- 四、酒吧氛围营造

任务三　酒吧设备设施配置
- 一、吧台设置
- 二、酒吧设施设备

任务四　酒单与普通设计
- 一、酒单设计
- 二、酒水定价
- 三、标准酒谱设计

学习重点

1. 酒吧的分类与经营特点。
2. 酒吧的结构与吧台设计。
3. 酒吧常用设施设备使用方法。

学习难点

1. 酒吧氛围营造。
2. 酒单设计与酒水定价。

项目导入

　　风格是酒吧设计的灵魂,就像人类的思想。酒吧文化从某种意义上来讲,是整个城市中产阶层的文化表象,它可以较早感知时尚的流向,而其自由的特性又吻合了人们渴望舒缓的精神需求。一个理想的酒吧装修环境需要在空间设计中创造出特定氛围,最大限度地满足人们的各种心理需求。优秀的空间设计能表现出设计师的精神思想,力求让人们产生共鸣。通过酒吧布局、装饰等将设计理念诠释出来,它在布局、用色上大胆而充满个性,它推敲每一处细节,做到尽善尽美。

　　★剖析:酒吧装修设计是用个人的观点去接近大众的品位,用独到的见解来感染大众的审美,以设计的手段来表达思维的活跃,用理性的技术来阐述感性的情绪。

任务一　酒吧概述

一、酒吧概念

酒吧(Bar,Pub,Tavern),Bar多指美式的具有一定主题元素的酒吧,而Pub和Tavern多指英式的以品酒为主的酒吧。

酒吧即销售酒品的柜台,在很多人印象中,酒吧是水手、牛仔和商人休闲娱乐聚会的场所。而早期的酒吧主要为旅店、餐馆的顾客提供酒水销售、休闲服务。随着社会经济的发展,人们消费观念转变,酒吧从旅店、餐馆中分离出来,成为专门的销售酒水,供顾客休闲、娱乐、聚会的场所。现在,酒吧通常被认为是各种酒类的供应与消费的主要场所,它是酒店的餐饮服务设施之一,专为顾客提供饮料及休闲服务而设置。我国现代酒吧业真正兴起与繁荣是在20世纪八九十年代。

本书将酒吧定义为为顾客提供各类酒水与饮料服务、以营利为目的、有计划经营管理的经济实体。

二、酒吧分类

随着社会经济的快速发展,新鲜事物层出不穷,人们对于酒吧的消费观念不断向着新、奇、特的方向发展,酒吧的类型和特点也在不断更新与升级。各式各样的酒吧让人眼花缭乱,目前,根据服务方式和经营特点可以将酒吧分成以下几种类型。

(一)主酒吧

主酒吧(Main Bar or Pub)大多装饰美观、典雅、别致,有浓厚的欧美风格。其视听设备比较完善,并备有足够的靠柜吧凳,酒水、载杯及调酒用具等种类齐全,设计得体,个性突出。主酒吧注重主题设计,突出特色服务。

(二)音乐酒吧

音乐酒吧(Music Bar)通常有各自风格乐队的现场表演。这类酒吧通常被称为音乐酒吧或演艺吧,如香港的Marlin吧就是典型的音乐酒吧。到音乐酒吧消费的顾客大多是来享受音乐、美酒,以及体验无拘无束的人际交流所带来的乐趣。因此,音乐酒吧对调酒师的业务水平和文化素质要求较高。

(三)酒廊

酒廊(Lounge)在酒店中多以大堂酒廊(Lobby Bar)和行政酒廊(Executive Lounge)的形式呈现,通常带有咖啡厅的形式特点,装修风格与形式与咖啡厅相似。经营各类软饮料和少量酒精饮料,另外还提供一些小吃、果盘等。

（四）服务酒吧

服务酒吧（Service Bar）通常设置在中、西餐厅中，服务对象主要是用餐顾客。中餐厅服务酒吧中酒水种类以国产酒水为主；西餐厅服务酒吧则需要配备种类齐全的洋酒，另外对调酒师的餐酒服务与搭配能力有一定要求。

（五）宴会酒吧

宴会酒吧（Banquet Bar）也称为临时酒吧，是根据宴会规格、形式、人数、厅堂布局及顾客要求而搭建的酒吧，具有临时性、机动性的特点。

（六）外卖酒吧

外卖酒吧（Catering Bar）专门为外卖酒会设置，酒吧服务员根据顾客要求将酒水及所用器具送到某一地点，如大使馆、公寓、风景区等，临时搭建酒吧，提供酒水服务。外卖酒吧属于宴会酒吧范畴。

（七）多功能酒吧

多功能酒吧（Grand Bar）大多设置于综合娱乐场所，它不仅能为用餐顾客提供用餐酒水服务，还能为有蹦迪、练歌、健身等不同需求的顾客提供种类齐备、风格迥异的酒水及服务。这类酒吧综合了主酒吧、酒廊、服务酒吧的基本特点和服务职能。

三、酒吧经营特点

酒吧经营特点如图 8-1 所示。

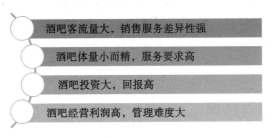

图 8-1　酒吧的经营特点

任务二　酒吧布局设计与氛围营造

一、酒吧的结构

酒吧是供顾客休闲、娱乐和聚会小酌的场所。从空间结构上看，酒吧通常分为三个部分：一是客用区，即顾客休闲、饮酒的区域；二是酒水出品区，即吧台区域；三是吧台贮藏区，主要贮藏各类酒水、服务用品。

以下主要介绍客用区和酒水出品区。

（一）客用区

客用区是顾客的活动区域，通常设有座椅和吧桌供顾客使用。客用区的座位设置有三种。

1.卡座

卡座一般分布在大厅的两侧，类似于包厢，呈半开放结构。里面设有沙发和台几，卡座一般是为人数较多的顾客群体准备的。

2.高台

高台分布在吧台的前面或者四周，一般是给单个顾客或人数较少的顾客群体准备的。喜欢热闹的顾客都会选择这样的座位，因为他们可以边饮酒边欣赏吧台内调酒师的表演。

3.散台

散台一般分布于整个大厅，有些散台会安排在比较偏僻的角落或者舞池周围。这种台型一般可供 2—5 个顾客就座。

客用区可使用空间还包括进出口位置以及其他活动设施的面积分配等。不同形状的酒吧在座位设置时有不同的要求，酒吧的面积影响着设置座位的数量。

（二）酒水出品区

酒水出品区即酒吧的吧台区域，它是酒吧的灵魂，在酒吧设计中起着十分重要的作用。酒水出品区通常由吧台内操作区和酒品展示区两大部分组成。

吧台内操作区包括客用区和调酒员操作区两部分；酒品展示区包括酒品陈列架和酒吧贮藏柜两部分。

二、酒吧装饰与陈设

酒吧装饰和陈设是体现酒吧形象的重要因素，因为大多数顾客会对酒吧装饰和陈设记忆深刻。酒吧的内部装修主要通过酒吧装饰和陈设的艺术手段来创造合理、完美的室内环境，营造氛围，满足顾客的物质和精神需要。酒吧装饰与陈设是实现酒吧氛围艺术构思的有力手段，不同的酒吧应具有不同的气氛和艺术感染力，或者说应有其独特的酒吧装饰和陈设风格。

酒吧装饰与陈列可分为两种类型：一种是物质功能所必需的装饰与陈设，例如家具、窗帘、灯具等；另一种是用来满足精神方面需求的起装饰作用的文化艺术装饰和陈设品，如壁画、盆景、工艺品摆件等。

酒吧装饰与陈列应从设计主题出发选用符合主题的装饰物，另外，装饰和陈设时应考虑材质、材料，质感差的低档装饰品会引起顾客的反感。在酒吧装饰和陈设设计过程中,应全面综合考虑不同材料的特征,从而达到室内装饰和谐统一的效果。但应注意,高级材料的堆砌,也并不能体现高水平的装饰艺术。

三、酒吧设计与布局

(一)酒吧内部空间设计

酒吧内部空间设计是酒吧设计与布局的重点。利用不同结构和材料组合空间格局,利用灯饰和照明展示主题,营造个性格调。通过不同风格的酒吧空间设计可以彰显酒吧主题特色,也能起到吸引顾客的作用。例如,通透型空间设计能够突出酒吧各功能区域特点,利用开放的空间布局,促进顾客与周围人、与环境的交流,设计内涵表现为开朗、活泼、接纳。在经营中,以空间容纳人,以空间布置感染人。优秀的酒吧设计既要满足人的物质需求,又要满足人的精神需求。

常见的空间设计与其彰显的不同风格和气氛如图 8-2 所示。

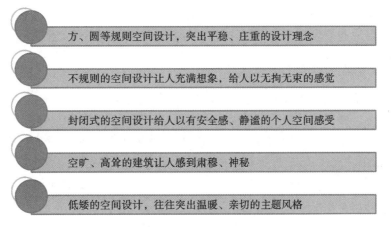

方、圆等规则空间设计,突出平稳、庄重的设计理念

不规则的空间设计让人充满想象,给人以无拘无束的感觉

封闭式的空间设计给人以有安全感、静谧的个人空间感受

空旷、高耸的建筑让人感到肃穆、神秘

低矮的空间设计,往往突出温暖、亲切的主题风格

图 8-2 常见的空间设计与其彰显的不同风格和气氛

酒吧设计过程中往往会不拘一格,进行混合式搭配设计,从而形成不同空间感受和不同的娱乐视听享受。在考虑酒吧空间设计的因素时,最核心的问题是针对酒吧经营特点、经营的中心意图,以及目标顾客的特点有主题、突出个性化地设计空间。

(二)吧台设计

吧台是酒吧空间的一道亮丽风景,应由前吧、后吧以及消费区域三个部分组成。吧台从样式来讲,可以分为三种基本形式,即直线形吧台、马蹄形吧台和环形吧台。(见图 8-3、图 8-4、图 8-5)

吧台设计目的是使酒吧中任何一个角度就座的顾客都能得到快捷的服务,同时也便于服务人员的服务活动。另外,吧台要视觉显著,顾客在进入酒吧便能看到吧台的位置,感觉到吧台的存在,因为吧台是整个酒吧的中心、酒吧的总标志。同时应注意,吧台设置要留有一定的服务空间,这一点往往被一些酒吧所忽视,以至于出现服务人员与顾客争抢空间的现象,会导致发生服务时因拥挤而将酒水洒落的危险。

图8-3　直线形吧台

图8-4　马蹄形吧台

图8-5　环形吧台

(三)灯饰和灯光布局设计

灯饰和灯光的布局设计在酒吧中有着举足轻重的作用。酒吧营业时间一般为傍晚直到深夜,夜晚人们对光线更加敏感。酒吧的灯光优美与否能直接影响到人们的心情,采用什么灯型,光度如何,颜色怎么选择,灯光的数量多少,要达到何种效果,这都会直接影响酒吧的格调和氛围。色彩本身就是一种无声的语言,它会使人产生各种情感,比如红色是热情奔放,蓝色是忧郁安静,黑色是神秘凝重。

灯饰和灯光布局设计的艺术性,决定能否让顾客对酒吧主题产生情感共鸣。

(四)酒吧壁饰设计

壁饰是酒吧氛围的构成要素之一,设计师常常通过具有代表性的壁饰来突出酒吧的主题和特色。壁饰的风格可以是固定不变的,也可以随着不同时间节点而进行调整、变化。壁饰风格是酒吧氛围的催化剂,例如壁饰可采用多幅或大幅装饰壁画,充填墙体,营造出酒吧主题所反映的场景,让顾客置身其中,融入酒吧主题思想,满足人们的欣赏需求,从而刺激消费。现代建筑大多是由直线和板块所组成的几何体,使人感觉生硬、冷漠,可利用室内壁饰特有的色彩、造型、质感等让人产生情感,从而突出酒吧主题设计。

(五)个性化设计

个性的风格是酒吧设计的灵魂,也是吸引顾客的主要消费点。通过个性化的主题设计让顾客融入其中,感受独特之处,既满足了顾客新、奇、特的消费观,也能反映出设计师与顾客的深度沟通。酒吧的个性化设计风格首先应基于绿色健康,在个性设计的过程中应更多地融入对新鲜事物的思考,在保持个性的同时突出文化内涵。比如以茧为主题设计的酒吧充满活力,绿色茧形给人新生命、新活力的无限希望。主题鲜明的酒吧设计有力地宣扬了个性化的风格,能够达到强化顾客印象、争取顾客好感的目的。

硬件设施选好了,还需软件设施的搭配,有文化内涵的酒吧才会生机勃勃。酒吧中注入设计师的思想,整个设计空间才会生动起来。一个理想的酒吧环境需要在空间设计上创造出特定氛围,最大限度地满足人们的各种心理需求。一流的空间设计是精神与技术的完美结合。酒吧设计是用个人的观点去接近大众的品位,用独到的见解来感染大众的审美。它以设计的手段来表达活跃的思维,它用理性的技术来阐述情绪。酒吧的空间设计是另类或者说边缘倾向的空间设计,成功的设计作品必须以多方面知识与专业为背景,它更强调设计者个人的水准。

四、酒吧氛围营造

　　酒吧是满足顾客的物质需要和精神需要的特定环境空间,其中精神需要显得更为重要,设计师通过酒吧主题设计,引出所要表达的文化观念和生活方式,创造出引人入胜的空间环境,这就是酒吧空间的氛围营造。通过酒吧气氛营造可以将设计理念更好地呈现给顾客,形成情感共鸣。酒吧氛围的营造可以从图8-6所示的几个方面考虑。

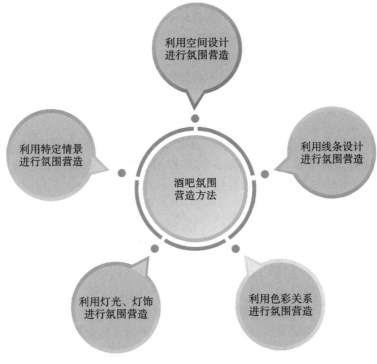

图 8-6　酒吧氛围营造方法

任务三　酒吧设备设施配置

一、吧台设置

(一)吧台设计

　　前吧的高度一般为110—120厘米,宽度一般为60—70厘米(其中包括外沿部分,即顾客坐在吧台前时放置手臂的地方),吧台台面的厚度通常为4—8厘米。吧台选用的台面材料时应考虑坚固并易于清洁。

酒吧操作台(中心台)的高度一般为70厘米左右,操作台宽度约为40厘米,通常采用不锈钢材质的台面,目的是方便清洗消毒。操作台应包括下列设备:双格洗涤槽带沥水功能(具有初洗、刷洗、沥水功能)或自动洗杯机、水池、储冰槽、酒瓶架、杯架及饮料机或啤酒机等。

后吧即调酒师背后的陈列架设计,高度一般为170厘米,上层顶部高度以调酒师伸手可触及为标准,主要用于陈列酒具、酒杯及各种瓶装酒,一般多为配制混合饮料的各种烈性酒;下层高度为110厘米左右,或与前吧等高,一般设计成储存柜,用于存放红葡萄酒及其他酒吧用品,也可以安装冷藏柜等,用于冷藏白葡萄酒、啤酒以及各种水果。

前吧至后吧的距离,即调酒师的工作走道一般为1米左右,不可有阻碍物。走道的地面应铺设防滑塑料或木头条架,以缓解服务员因长时间站立而产生的疲劳,服务酒吧中的服务员走道应相应增宽,有的可达3米,因为餐厅中有时会举办宴会,酒水供应量会较大,而较宽的走道便于在供应量较大时堆放各种饮料等。

(二)吧台布置

吧台布置主要是指瓶装酒的陈列和各类酒杯的摆放,合理、美观的吧台布置往往能够起到营造酒吧气氛和增加对顾客吸引力的作用。吧台在布置过程中要注意整洁大方、方便操作,并要突出酒吧的主题特色。

1.瓶装酒陈列的方法

(1)按酒的类别摆放。依照酒水分类的原则,按照品种的不同分展柜依次摆放。

(2)按酒的价值摆放。将价值昂贵的酒与平价的酒分开摆放。通常是价值高的酒摆放在高而显眼的位置,这样可以起到一定的宣传效果。

(3)按酒水的生产销售公司摆放。酒吧有时会有酒水的生产销售公司买断某个或几个展示酒柜用以陈列本公司的酒水,起到宣传推广作用。

另外,应该特别注意瓶装酒的摆放要注意瓶间距的合理把握,避免拿取不便。还有在摆放瓶装酒时应将常用酒与陈列酒分开,一般常用酒要放在操作台前触手可及的位置,以方便日常工作,而陈列酒则放在展示柜的高处。

2.各类酒杯的摆设方法

(1)悬挂式:指将酒杯悬挂于吧台台面上部的杯架内,一般这类酒杯不作使用(因为取拿不方便),只起到装饰作用。

(2)摆放式:指将酒杯分类、整齐地码放在操作台上,这类酒杯为常用杯,这样摆放可以方便调酒师工作时取拿。

另外,瓶装酒和酒杯摆设时也可根据调酒师的操作习惯来安排、放置。

二、酒吧设施设备

(一)酒吧主要设施

酒吧的主要设施如表8-1所示。

表 8-1　酒吧的主要设施

序号	名称	概况
1	吧台	通常由吧台（前吧）、吧柜（后吧）以及操作台（中心吧）组成
2	灯光与音响控制室	通过灯光控制营造酒吧气氛，以满足顾客视听的需要
3	舞台	为顾客提供演艺服务的区域
4	座位区	是顾客的消费区，也是顾客聊天、交谈的主要场所
5	包房	依据酒吧面积大小和经营特点设定具体数量
6	卫生间	卫生间设施档次的高低及卫生洁净程度会反映酒吧的档次
7	娱乐活动区	经过巧妙设计的休闲娱乐项目是酒吧吸引客源的主要因素之一

（二）酒吧主要设备

酒吧的主要设备如表 8-2 所示。

表 8-2　酒吧的主要设备

序号	名称	概况
1	冰槽	不锈钢制的盛装冰块的容器
2	酒瓶陈放槽	用来储存需要冰镇的酒水
3	瓶架	放置常用的酒水
4	电动搅拌器	常用于混合鸡蛋、奶、水果、椰浆等不宜混合的材料
5	果汁机	用于将新鲜水果制作成果汁，如橙汁、苹果汁等
6	洗手槽	专用于酒水操作与服务人员的手部清洁
7	冰杯机	用于载杯的降温
8	洗杯机	有清洗、冲洗、消毒、烘干杯具的功能
9	制冰机	用于制作调酒用的冰块
10	储藏设备	放于后吧区域，用来存放毛巾、餐巾、吸管、装饰物等
11	其他设备	如咖啡机、保温炉等

Note

任务四　酒单与酒谱设计

一、酒单设计

(一)酒单设计的依据

酒单设计是酒吧经营管理人员对酒吧销售酒水种类及酒单样式等进行设计的过程。酒单是酒吧的形象体现,好的酒单应美观、有吸引力,并且有一定的广告宣传效果。

一份好的酒单既包含了设计者的创造成分,又是酒吧依据自身特点、客源市场等实际情况制定而成。

酒单既是顾客选择酒水的依据,也是酒吧提供酒水服务的依据,同时,酒单设计也是酒吧主题风格和特点的体现,为此,酒单设计必须与酒吧经营主题与风格一致,并形成自己的独特魅力。

酒单设计相关的因素如图 8-7 所示。

市场需求与顾客喜好	酒单设计是为了使酒吧赢得顾客、吸引顾客,从而使酒吧能够盈利
市场供应情况	酒单是酒吧商品销售的清单,凡是列入酒单的产品必须保证供应,这是酒吧经营的重要原则
酒水成本与价格	设计酒单时既要兼顾酒吧酒水的成本,也要考虑其市场销售
酒吧设备和技术水平	酒单中酒水品种应与酒吧设备、调酒师技术水平相适应、相协调,从而保证酒水的制作与出品
客人口味和时尚变化	要密切注意顾客饮酒口味的变化,结合酒水时尚流行趋势,做出新颖的、符合新时代特点的酒单

图 8-7　酒单设计相关因素

(二)酒单制作技巧

酒单制作得精美与否可以反映出酒吧的格调,因此,酒单制作对于酒吧来讲是一个"面子工程",应综合考虑以下因素。

1.样式要新颖、独特、多样化

一份好的酒单,要有吸引力,它不仅仅是一个功能产品,更应该是一件艺术品。酒单的样式、颜色等都要经过认真设计,既要符合酒吧水准,又要与酒吧主题相匹配,要能够吸引顾客,迎合顾客求新的需求。目前常用的酒单有桌单、手单、悬挂式酒单等。

2.酒单的广告和推销效果

酒单不仅能够让顾客了解酒吧的酒水品种,成功的酒单还有较好的广告宣传效果。顾客是酒吧的消费者,也可以成为酒吧的义务宣传员、广告推销员。例如,可以在酒吧酒单设计时印制精美图案,配以辞藻优美的小诗或祝福语,以传递酒吧的经营理念,拉近与顾客之间的心理距离。同时,酒单上也应印有酒吧的简介、地址、电话号码、服务内容、营业时间、业务联系人等,以进一步增加其广告宣传效果。

3.酒单设计注意事项

1)图文相得益彰

酒单封面与内页图案均要精美,并且突出酒吧经营特色和理念,符合酒吧的经营风格。酒吧的名称和标志印于封面,让顾客一看便能记住。酒单一般用中英文对照,结合实物图片,清晰明了。以阿拉伯数字排列编号并标明价格,字体印刷端正,让顾客在酒吧的光线下也能看清。酒类品种的标题字体与其他字体应有所区别,以便顾客能快速做出正确的选择。

2)材质精美耐用

酒单材质的选择应从耐久性和美观性两方面考虑,通常使用重磅的铜版纸或特种纸。材质选择具有防水性的,要便于清洁。如果选择纸质材料,则尽量选择质感好、耐用、可折叠的。

3)色彩突出特色

在酒单色彩搭配上,需根据酒吧的装修风格、主题特色,以及成本和经营者所希望产生的效果来决定用色的多少。颜色讲究合理使用与搭配,不是越多越好,也不可颜色单调乏味。通常可用四色进行搭配,但也没有固定模式。随着文化潮流的变化,色彩也有不同流行元素,可以随潮流而选择。

4)其他注意事项

(1)排列:一般是将受顾客欢迎的酒品或酒吧计划重点推销的酒品放在前几项,即酒单的首尾位置及某种类的首尾位置。

(2)更换:当酒单的品名、数量、价格等需要更换时,不能随意涂去原来的项目价格换成新的项目价格。如随意涂改一方面会破坏酒单的整体美;另一方面容易产生误会,影响酒吧的信誉。所以如果更换,必须整体更换酒单,或更换某个酒品所在的活页。

(3)表里一致:筹划设计酒单的关键是"货真价实",即表里一致。

酒单中的内容如图 8-8 所示。

二、酒水定价

(一)酒水定价的影响因素

酒吧如果想在激烈的市场竞争中立于不败之地,就要合理地制定酒水价格。

酒吧酒水定价的因素如图 8-9 所示。

(二)酒水定价方法

酒水的定价是在酒吧做出成本计划后确定的。每一个酒吧都要按照自身装修风格

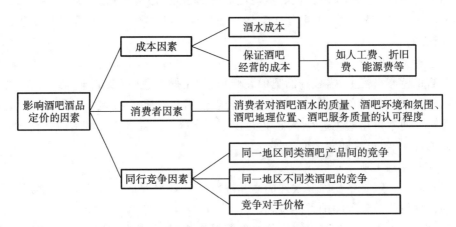

图 8-8 酒单内容

酒品名称

酒品名称必须通俗易懂,生僻、怪异的名字尽量不要用。命名时可按饮品的原材料和饮品调制出来的形态命名,也可以按饮品的口感冠以幽默的名称,还可以针对顾客搜奇猎异的心理,抓住饮品的特色夸张命名

体积

体积要在酒单中明确标示,让顾客对所点酒品有准确的把握,须标明是几盎司或者多少毫升

价格

价格直接影响销售,对顾客来说,是不会点不知价格的酒水,对酒吧来说没有价格意味着无从计算利润。在酒单中,各类酒品必须明确标价,让顾客做到心中有数,从而能自由选择

描述

对新产品或特殊产品的适当描述可以起到宣传、推销的作用,在描述中可配彩图进行烘托,提升客人的直观感受,达到刺激消费的效果

影响酒吧酒品定价的因素

- 成本因素
  - 酒水成本
  - 保证酒吧经营的成本 —— 如人工费、折旧费、能源费等
- 消费者因素 —— 消费者对酒吧酒水的质量、酒吧环境和氛围、酒吧地理位置、酒吧服务质量的认可程度
- 同行竞争因素
  - 同一地区同类酒吧产品间的竞争
  - 同一地区不同类酒吧的竞争
  - 竞争对手价格

图 8-9 影响酒吧酒水定价的因素

和酒吧经营管理情况等来计算成本,然后再计算出产品的售价。

1. 成本导向定价法

成本导向定价法具体内容如表 8-3 所示。

表 8-3 成本导向定价法

类型	公式	范例
毛利率定价法	销售单价=酒水原料成本×(1+毛利率)	1 盎司的威士忌成本为 6 元,如计划毛利率为 80%,则其销售价为 6×(1+80%)=10.8(元)
成本加成定价法	销售价格=(每份饮品的原料成本+每份饮品的人工费+每份饮品其他经营费用)/(1-要达到的利润率-营业税率)	某鸡尾酒原料成本为 5 元,每份人工费为 0.8 元,其他经营费用均为 1.2 元,计划经营利润为 30%,营业税率为 5%,则鸡尾酒售价为(5+0.8+1.2)/(1-30%-5%)≈10.77(元)

2.市场导向定价法

价格是酒吧在同行竞争中取胜及扩大市场销售的有效手段,以竞争为中心的定价方法就是密切注视和追随竞争对手的价格,以达到扩大酒吧销售量的目的。

1)随行就市法

这是一种最简单的方法,即以经营成功的、酒吧所在地理位置距离较近的同行的酒单价格为依据进行定价。这种定价方法的优点如下:

(1)定价简单,直接使用同类经营成功的酒吧的产品价格,可简化定价的过程,减少定价过程中过多的财力和精力损耗。

(2)顾客容易接受,采用市场上流行的价格,该价格是已经被市场目标群体所接受的价格。

(3)风险小,能保证酒吧获得一定收益,风险较小。

(4)易于与同行之间创立和谐的竞争关系,便于同行之间的合作交流与沟通。

2)竞争定价法

这是以竞争者的售价为定价依据,制定酒单价格的方法。

(1)最高价格法:最高价格法是在酒吧同行业的竞争者当中,对酒吧同类产品总是制定高出竞争者的价格。该定价法要求酒吧具有一定的实力,提供良好的酒吧文化氛围和环境,提供一流的服务和一流的酒水,以质量取胜。

(2)同质低价法:对同样的质量,同类产品和服务定低于竞争者的价格。该方法一方面用低价争取竞争对手的客源,来扩大和占领市场;另一方面加强成本控制,尽可能降低成本,实行薄利多销,既最大限度满足顾客对低价格的需要,同时又使酒吧盈利。

3.需求导向定价法

市场对酒吧产品的需求量同价格高低成反比,即价格高则需求量小;价格低则需求量大。酒吧类型与产品的不同使其需求特征也不相同。

需求导向定价法分类如图8-10所示。

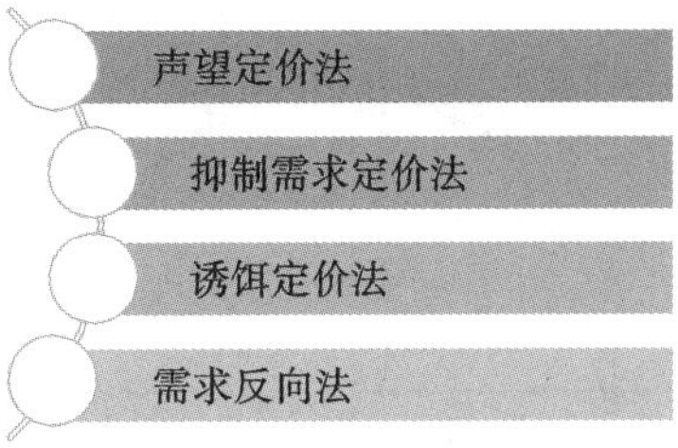

声望定价法

抑制需求定价法

诱饵定价法

需求反向法

图8-10　需求导向定价法分类

三、标准酒谱设计

(一)标准酒谱

标准酒谱是酒吧在原料、载杯、调酒用具等条件一定的情况下对酒水制作所做的具体规定。任何一个调酒师都必须严格按照酒谱所规定的原料、用量以及配置的程序去操作。它是酒吧用来控制成本和质量的基础,也是做好酒吧管理和控制的标准。

(二)标准酒谱样式

标准酒谱样式如表8-4所示。

表 8-4 标准酒谱

编号 _____

酒名_____   成本_____元

类别_____   售价_____元

载杯_____   毛利率_____

调制方法					
用料名称	单位	数量	单价	金额	备注
合计					
调制步骤					
口感特征					

 教学互动

　　酒单是酒吧与顾客沟通的工具,可以具有良好的宣传广告效果。分组讨论:在设计酒单时应突出哪些信息以达到最佳宣传效果?
　　教师对其进行点评。

项目小结
　　本项目主要介绍酒吧的相关知识,从酒吧概念阐述到酒吧分类、酒吧经营管理、酒吧设计与设施设备,以及酒单设计、酒水定价与酒谱制作等。学生重点掌握酒吧的分类及经营特点,能设计美观、有创意的酒单,熟悉酒水定价的基本方法,能够完成酒谱的制作。

 Note

项目训练

一、知识训练

1.酒吧的概念是什么?

2.酒吧根据服务方式不同,主要分为哪几种形式?

3.常见的酒吧酒水定价方法有哪些?

二、能力训练

(一)计算题

1.已知一杯啤酒的成本为 4 元,定价系数为 2.5,则其售价为多少?

2.某鸡尾酒原料成本为 6 元,每份饮品人工费为 0.9 元、其他经营费用为 1.7 元,计划经营利润为 30%,营业税率为 4%,此类型酒售价应为多少?

(二)实训题

1.某酒吧当月总计酒水成本为 15505 元,当月酒水的总营业额为 78980 元,酒吧规定成本率为 20%,分析酒水成本控制得是否合理。

2.标准酒谱的制作

根据标准酒谱的制作要求,请以"绿色蚱蜢"(Grasshopper)鸡尾酒为例制作标准酒谱。

名称:"绿色蚱蜢"(Grasshopper)

材料:白色可可酒 1/3 盎司、绿色薄荷酒 1/3 盎司、鲜奶油 1/3 盎司。

用具:调酒壶,鸡尾酒杯。

做法:将冰块和材料放入调酒壶中摇匀倒入载杯中即可。

这是一种香味很浓的鸡尾酒,杯中散发着薄荷清爽的香味及可可酒的芳香。配方中加了鲜奶油,入喉香浓、爽滑,非常可口。因其酒色呈淡绿色,故名为绿色蚱蜢。

请学生完成以下标准酒谱制作。

编号:

酒名　绿色蚱蜢			成本　　　　　　元		
类别			售价　　　　　　元		
载杯			毛利率		

调制方法					
用料名称	单位	数量	单价	金额	备注
合计					

Note

续表

调制步骤	
口感特征	

项目九
服务新境界——酒吧人员与服务管理

 项目描述

　　无论是优雅的英式调酒,还是炫酷的花式调酒,甚至是机器人调酒,酒吧都是一个充满欢乐和激情的场所。酒吧的调酒师和服务员在创造快乐和激情的过程中承担了不可或缺的作用,他们不仅仅是饮品的制造者和服务者,也是欢乐的创造者。本项目将重点介绍调酒师的岗位职责与要求,阐述酒吧中的服务程序与对客服务技巧。

 项目目标

知识目标
1. 了解酒吧调酒师和服务员的岗位职责与任职要求。
2. 掌握酒吧对客服务流程及要求。

能力目标
1. 灵活掌握酒吧对客服务程序和技巧。
2. 正确完成营业前的准备流程。
3. 能根据不同情景,灵活运用酒吧服务质量问题分析方法。

思政目标
1. 建立调酒师职业的认同感。
2. 养成良好对客服务意识。

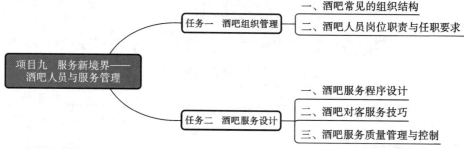

知识导图

一、酒吧常见的组织结构
任务一 酒吧组织管理 —— 二、酒吧人员岗位职责与任职要求

项目九 服务新境界——
酒吧人员与服务管理

一、酒吧服务程序设计
任务二 酒吧服务设计 —— 二、酒吧对客服务技巧
三、酒吧服务质量管理与控制

学习重点

1.调酒师岗位职责与任职要求。
2.酒吧对客服务流程。
3.酒吧服务质量管理的方法和工具。

学习难点

　　酒吧服务与其他对客服务一样,程序并非一成不变,也不存在统一的标准,需要学生根据客情灵活应对。

项目导入

　　在山城重庆的夏夜,市中心的某一酒吧里人头攒动,来这里的顾客以年轻人居多,他们之所以选择这家酒吧,除了这里交通便捷,还因为这里有一位帅气的调酒师,而且他很会和客人聊天,和他聊天大家很开心。

　　★剖析:调酒师,不仅是为顾客调制一款饮品,还是一个重要的对客服务岗位。无论是在酒店的行政酒廊还是大堂酒廊,或是在商业酒吧,调酒师都是灵魂所在。其将美味的鸡尾酒与优秀的服务结合在一起,在为企业创造价值的同时,也给顾客带来了欢乐。

任务一　酒吧组织管理

一、酒吧常见的组织结构

酒吧的组织管理是酒吧管理的基础,涉及酒吧的组织构架、酒吧人员、岗位职责等

Note

相关内容。不同类型、不同规模、不同性质的酒吧,组织机构的设立也有所不同,所以,组织机构的设立需要依据酒吧的规模、性质、类型等进行综合考虑。

　　酒吧人员的配备要考虑两个因素:一是酒吧的营业时间;二是酒吧的营业状况和规模。通常上午的主要工作是做开吧准备、补充经营物资,需要的人员较少;晚上是营业高峰期,顾客较多,业务繁忙,因此要多安排人员。国内多数酒店大堂酒廊的人员配置为每天2班,每班2—3人,调酒师既是酒水调制人员,也是服务人员。而在规模较大的娱乐酒吧或专业酒吧,则会配备领班、调酒师、服务员、厨师等。

　　根据经营性质,酒吧可以分为独立经营型酒吧和酒店内部附属酒吧。

(一)独立经营型酒吧

独立经营型酒吧的组织结构如图9-1所示。

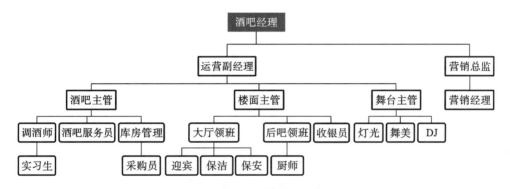

图9-1　独立经营型酒吧的组织结构

　　这类型的酒吧组织结构多用于规模较大的独立经营的娱乐型酒吧,因为同时接待顾客数量多,有些还提供简餐、咖啡、西点等,每班的工作人员数量较多。该组织结构工作严谨、上下级等级严格、各岗位分工明确,便于领导监控。

(二)酒店内部附属酒吧

酒店内部附属酒吧的组织机构如图9-2所示。

图9-2　酒店内部附属酒吧的组织机构

　　酒店内部附属酒吧通常以住店顾客为主,客流量不均衡。酒店内部附属酒吧的经营基本是由餐饮部负责,因此酒吧组织结构比较灵活,人员比较精简。

二、酒吧人员岗位职责与任职要求

(一)调酒师岗位职责与任职要求

调酒师是酒吧里的灵魂人物。随着国内酒吧文化的兴起,对于调酒师的需求也日益旺盛。调酒师是在酒吧中专门从事鸡尾酒调制、酒水销售与服务的工作人员,工作任务包含了酒吧清洁、耗材领取和存放、饮料制作、对客服务等,可以说是一个集技术与艺术于一身的职业。

1.调酒师岗位职责

调酒师的岗位职责如表 9-1 所示。

表 9-1　调酒师的岗位职责

序号	时间段	内容	具体要求
1	营业前的职责	个人仪容仪表	①每天要修剪指甲,修剪整齐,长度适中; ②调酒师原则上不能涂抹指甲油,指甲不得有脱落; ③面部洁净,一般不留胡须;保持口腔清洁,口气清新,营业前和营业中不吃有刺激性气味的食物; ④制服干净整齐,无破损,不戴影响工作的首饰
		个人卫生	保障自身身体健康,无疾病;做好个人卫生,勤洗手等
		酒吧卫生	①检查空气中是否有不良气味; ②酒吧的地面、墙壁、窗户、桌椅、沙发等要擦拭干净; ③酒吧吧台要使用清洁剂擦亮,确保无水渍; ④酒吧的镜子、玻璃应使用无纺布擦亮,确保光洁无尘; ⑤所有的酒水瓶要用湿毛巾擦拭; ⑥检查酒杯是否洁净无垢; ⑦操作台上酒瓶、载杯及调酒工具等分类摆放整齐; ⑧净水器运行正常,过滤器要及时更换滤芯; ⑨酒吧要定期使用消毒液消毒,酒吧配备消毒、防疫设备
		酒吧原料耗材	①检查各种酒类饮料是否达到标准; ②检查并补足操作台的原料、酒吧纸巾、毛巾等原料物品; ③准备各种软饮料,包括各类果汁、碳酸类饮料等; ④准备调酒所需装饰物,如樱桃、橄榄等; ⑤鸡尾酒的配料可以进行预先调制,如柠檬汁、青柠汁等; ⑥酒吧原料耗材要注意保质期,开封的食品要及时冷藏或密封处理
		酒吧设施设备	①确保制冰机和净水器工作正常; ②空调工作正常,无异味。灯光照明正常,无频闪等现象; ③酒吧音响广播系统工作正常; ④水槽进水、排水正常,下水道无堵塞; ⑤消防设施摆放到位,消防通道无堵塞,消防标志明显; ⑥检查冰箱的温度及内部食品的储存情况; ⑦提前开启蒸汽咖啡机,预热咖啡杯; ⑧检查刨冰机、饮料机、碎冰机等其他设备的电源、卫生及使用状况

Note

续表

序号	时间段	内容	具体要求
2	营业中的职责		①酒吧工作人员应掌握酒单上各种饮料的服务标准和出品要求,谙熟配制方法,做到胸有成竹、得心应手; ②如果遇到顾客要点调酒师不熟悉的饮料,调酒师应该征询顾客的意见或查阅酒谱,不应胡乱配制; ③调制饮料的基本原则是严格遵照酒谱要求,做到用料正确、操作卫生、用量精确、点缀装饰合理美观; ④调酒师配料、调酒、倒酒应当着顾客的面进行; ⑤调酒师使用的调配原料应正确无误,操作符合卫生要求; ⑥认真对待、礼貌处理顾客对酒水服务的意见或投诉; ⑦任何时候调酒师不能对顾客有不耐烦的语言、表情或动作,不要催促顾客点酒、饮酒; ⑧对于一些有特殊饮用要求的顾客,要尽可能按照其意见进行调制; ⑨工作之余,调酒师要及时清理吧台,及时清洗杯具,及时倾倒垃圾等
3	营业后的职责		①酒吧营业结束后,调酒师要及时做好酒水盘点工作,准确记录销售情况; ②收集整理销售单据,并归类存放; ③营业结束后打扫酒吧卫生、清洁调酒用具,并收档归类存放; ④检查所有电器开关,关闭必须关闭的设备

2.调酒师的任职要求

1)仪容仪表要求

调酒师的服饰与穿着打扮体现着酒吧的独特风格和精神面貌。在酒店里,调酒师需要统一着酒店制服;在商业酒吧中,调酒师也需要根据职业特点着装或者酒吧规定的工作服。甜美的微笑、友好的态度也是调酒师必备的。

2)知识要求

调酒师需要储备比较丰富的知识,主要包括表 9-2 所示的几个方面。

表 9-2 调酒师知识要求

序号	知识类型	具体内容
1	酒水知识	掌握国内外主流酒水的产地、特点、制作工艺、名品、市场价格及饮用方法,并能鉴别酒的质量等
2	酒水贮藏保管知识	根据不同酒品的特点、要求及注意事项正确储存
3	酒吧设备与用具知识	掌握酒吧常用设备的使用要求、操作过程、保养方法及调酒用具的使用与保管知识

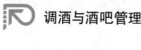

续表

序号	知识类型	具体内容
4	酒具知识	掌握酒具的种类、形状及使用要求与保管知识
5	营养卫生知识	掌握食品安全卫生知识、饮料营养结构、餐酒搭配与饮料调制的卫生要求
6	安全防火知识	掌握安全操作规程,掌握火灾预防措施,懂得扑救初起火灾的方法,懂得组织疏散逃生的方法,会使用消防器材等
7	酒单知识	熟悉掌握酒单的结构、所用酒水的品种、类别及酒水服务标准
8	酒谱知识	熟练掌握酒谱上每种原料用量标准、配制方法、载杯及调配程序
9	中外民俗知识	掌握主要客源国的饮食习俗、宗教信仰和习惯、民族禁忌等
10	外语知识	掌握酒吧酒水饮料的名称、产地、品牌等的英文表述,能用英文介绍酒水饮料的特点,掌握酒吧常用的对客服务英语口语

3）技能要求

调酒师技能要求如表 9-3 所示。

表 9-3   调酒师技能要求

序号	技能类型	具体内容
1	酒水制作能力	能够熟练使用英式调酒壶、量杯等器具
2	器皿清洗和设施设备维护能力	能正确使用洗涤剂、消毒剂对器皿进行清洗、消毒;能对酒吧常用设备进行清洁卫生和维护保养
3	沟通交流能力	能顺畅地与顾客沟通和交谈,熟练处理顾客的投诉;注意与同事之间的沟通协调
4	经营管理能力	熟悉酒水定价、酒水成本和毛利率等的计算方法,通过调整产品组合,调整定价,对目标客户进行精准宣传促销,从而提高酒吧的盈利能力
5	解决问题的能力	善于应对紧急事件,保障酒吧正常运营

4）素质要求

调酒师应具有以下素质:

（1）顾客至上的意识。作为调酒师,需要有正确的顾客至上意识,即像老朋友一样照顾好每一位顾客。增强调酒师的顾客至上意识,就必须提高调酒师尊重他人的意识,只有尊重别人,才会受到别人的尊重。想顾客之所想,做顾客之所需,在此基础上,挖掘顾客的隐形需求,想在顾客所想之先,做在顾客所需之前。

（2）正确的价值观。调酒师作为一种服务岗位,要认真践行社会主义核心价值观,做到爱国、敬业、诚信、友善。不能出现欺骗消费者、以次充好、以假乱真等行为。

（二）酒吧经理（主管）岗位职责与任职要求

1.酒吧经理（主管）岗位职责

酒吧经理（主管）岗位职责如表 9-4 所示。

表 9-4　酒吧经理（主管）岗位职责

序号	类型	具体内容
1	生产运营管理职责	①全权负责整个酒吧的日常运转,保证达成预期的利润及营业额; ②配合酒店财务部门做好成本核算,贯彻执行财会政策和程序; ③每天巡视酒吧服务区与工作区的运转情况,检查饮品质量、酒吧设备与清洁卫生情况; ④每日监督酒吧盘点及物品管理,防止物品丢失; ⑤在经营过程中与顾客保持良好关系,主动征询顾客意见,改进服务工作的不足; ⑥按酒店指定程序处理顾客投诉及特别要求,缓和不愉快局面,使顾客对酒吧的服务质量满意; ⑦遇到紧急情况时,及时处理酒吧发生的突发事件,并将处理结果向餐饮部经理、大堂副理或值班经理等领导汇报; ⑧根据市场变化更新酒单,在节假日等适时开展促销活动; ⑨落实酒吧所在区域的消防、治安、防疫、卫生等要求
2	人员管理职责	①制定酒吧岗位说明书,并按工作岗位要求向餐饮部提议合适岗位人选; ②协助人力资源部门进行新员工选拔和面试; ③定期进行员工培训,提升本部门员工素质,确保向顾客提供高标准服务; ④认真按客情为员工排班,检查员工出勤情况并做好出勤记录; ⑤通过日常巡视,及时纠正员工的不规范行为和陋习,监督酒吧员工个人卫生及制服整洁; ⑥做好本部门员工的协调工作,正确、公平地处理员工纠纷; ⑦经常倾听员工的意见和建议,与员工保持良好关系

2.酒吧经理（主管）岗位任职要求

1）知识要求

作为一个管理岗位,酒吧经理（主管）一般要求大专以上的文化程度,除掌握酒水知识、酒具知识、营养卫生知识外,还应具备管理学知识、消费者心理学知识、人力资源管理知识、会计知识与市场营销知识等。

2）技能要求

酒吧经理（主管）一般不需要亲自调酒,应注重其沟通能力、组织协调能力等,能够根据市场变化及时调整经营策略,激发部门员工的工作积极性,督促员工按照标准为顾客提供服务。能够看懂财务报表和账目,能控制成本,提高利润率。

3）素质要求

作为管理者,除了有良好的价值观,酒吧经理（主管）还要有科学的管理、服务意识,擅长发挥团队的整体力量;要有良好的职业精神,对本职工作充满激情,在工作中身先士卒,才能成为下属的榜样。

(三)酒吧服务员岗位职责与任职要求

1.酒吧服务员岗位职责

在一些客流量大的酒吧,会专门配备从事对客服务的酒吧服务员,他们与调酒师一起完成酒吧服务工作。

(1)负责酒吧服务物品准备和酒吧清洁卫生工作,做好营业前的一切准备工作。

(2)按照规范做好迎宾、点单、提供酒水、结账、送客等服务,尽可能满足顾客的个性化需求,提高顾客的满意度。

2.酒吧服务员任职要求

(1)知识要求。酒吧服务员要掌握礼仪知识,掌握不同酒水的饮用与服务知识。例如,酒水的最佳饮用温度、储存环境要求;同时,要掌握基本的餐酒搭配知识、外语知识、酒具知识等,以及与酒吧服务相关的理论知识。

(2)技能要求。熟练使用相应的设施设备为顾客提供酒水服务,能够为顾客提供热情周到的服务,能够使用清洁剂等快速完成清洁工作以便酒吧持续经营。

(3)素质要求。酒吧服务员除了要有良好的对客服务意识,还应注重加强对客个性化服务,根据顾客的显性需求以及隐性需求为顾客提供令其满意的服务。在酒吧工作的服务员还要具备较强的身体素质,能够承担较长时间的站立和一定的体力劳动。

任务二　酒吧服务设计

一、酒吧服务程序设计

(一)设计原则

酒吧服务程序涉及酒吧产品制作、产品提供、酒吧环境布置、设施设备清洁保养等方面。因此,不同酒吧会有不同的服务程序,但是无论是何种类型和规模的酒吧,服务程序的设计都要遵循以下原则:

1.安全卫生的原则

《消费者权益保护法》规定,经营者应当保证其提供的服务符合保障人身、财产安全的要求。酒吧经营管理者在服务程序设计过程中,要时刻注意顾客的安全。例如顾客进出酒吧的线路要保持干净,地面无油脂、水渍等可能给顾客造成伤害的因素。同时,安全卫生原则同样要考虑酒吧员工的情况,时刻保障员工的人身安全。

2.顾客至上、以人为本的原则

酒吧从经营理念到销售方式,从商品结构到摆放方式,从商品质量到服务内容,都要做到温暖人心、体贴人情。要求酒吧服务规程设计上要重视对员工的教育,提高职业道德水平和服务意识,树立顾客至上、以人为本的服务理念,处处为顾客着想。

3.经济与环保的原则

酒吧作为营利性的经营场所,其目的是获取利润最大化,因此在服务设计的过程中,要时刻考虑到酒吧的盈利,要尽量节约成本,例如在营业前,尽量减少空调、暖气的使用,以节约电费。酒吧经营不应该对周边环境造成污染,做到经营不产生扰民问题,不使用一次性发泡餐盒等会造成资源浪费的一次性餐具等。

酒吧服务程序的设计,一般可以从营业前、营业中以及营业后三个阶段展开。

(二)营业前的服务程序设计

(1)班前会程序设计。班前会是一个部门运行的重要环节,一般是由酒吧经理或主管在营业前召开的例会。

①会上根据当日班次表进行点名。检查全体人员的仪表、仪容是否符合酒吧的规范要求,特别留意员工个人卫生的细节,如指甲、头发、鞋袜等。

②根据当日情况对人员进行具体分工,向员工通告当日酒吧的特色活动以及推出的特价酒水品种、品牌等,使员工明确当日向顾客推介的重点。

③总结昨日营业情况,对表现好的员工进行表扬;对出现的问题及时给出提醒建议,尤其是顾客的投诉。

④强调本日营业期间应注意的工作事项等。班前会结束后,各岗位人员应迅速进入工作岗位,并按照班前例会的具体分工和要求,做好开吧前的各项准备工作。

(2)酒吧服务器具、调酒工具及设施设备等检查与清洁工作程序设计。

(3)酒水及耗材的领用、补充程序。

(4)半成品准备工作程序。具体包括提前调制酒吧必用的糖浆或果汁、准备佐酒小食、常见鸡尾酒装饰物制作等程序。

(三)营业中的服务程序设计

营业中的服务程序设计如表9-5所示。

表9-5　营业中的服务程序设计

序号	内容	要求
1	迎宾和引座程序	要主动地招呼顾客;根据顾客人数和要求,将其引领到相应座位;主动帮助顾客拉椅让座(女士优先)
2	顾客点单程序	顾客入座后双手递上酒水单;顾客点酒水时,服务员要有耐心,仔细聆听,耐心解答,有针对性地推荐;应认真、准确地记录顾客所点的各种酒水,并与顾客核对;及时将点单信息告知调酒师
3	酒水调制与准备程序	按照酒谱的配方,快速地调制酒水;注意姿势端正,动作潇洒,表情轻松自然;注意操作卫生;注意顾客的先后顺序;注意调制速度

续表

序号	内容	要求
4	酒水服务程序	确认订单是否正确,用托盘、口布等服务工具提供酒水服务;配齐顾客所需物品;上酒水时,要遵循女士优先的原则;通常从顾客的右侧服务;注意观察顾客的消费过程,留意是否需要续杯;顾客离开后,及时清理餐桌及吧台;服务过程中,要注意及时回应其他顾客的召唤
5	结账与送客服务程序	及时打印账单,检查台号、酒水品种数量是否正确;收银夹夹好账单后用双手呈递给顾客;根据不同的支付方式,采取对应的收银方法;留心顾客是否付款成功,以免出现逃单的现象;提醒顾客随身携带好贵重物品;热情地向顾客道别,诚挚欢迎顾客再来

(四)营业后的服务程序设计

1.整理酒吧程序

(1)营业结束后,要等顾客全部离开,服务员才能开始清洁整理酒吧。

(2)需要把所有用过的酒杯、调酒器具、布草等全部收好一起送往清洗间或自行清洗,必须等清洗消毒后全部取回放入酒吧,决不可将待清洗的物品留到第二天。

(3)垃圾全部倒空,并清洗干净垃圾桶。

(4)把所有陈列的酒水小心取出放入仓库或柜子中,散卖和调酒用过的酒要用湿毛巾把瓶口擦干净再放入柜中。

(5)水果装饰物要放回冰箱中保存,并用保鲜膜或密封罐封好。

(6)凡是开罐的汽水、啤酒和其他易拉罐饮料要全部处理掉,不能放到第二天再用。

(7)吧台、操作台、餐桌等要用湿毛巾擦抹、消毒后擦干。

(8)水池用洗洁精清洗干净。

2.每日工作日志记录程序

工作日志记录内容包括:当日营业额、顾客人数、特别事件和顾客投诉及处理情况,同时核对账务和现金是否一致,账面库存商品数量和实际数量是否一致。每日工作报告主要供上级掌握酒吧的详细营业状况和服务情况。

3.安全管理工作程序

卫生清理工作完毕后,要检查水电、燃气、门窗等是否按照规定关好,监控系统是否正常工作,还做好消防、防盗等安全措施。

二、酒吧对客服务技巧

酒吧对客服务技巧如表9-6所示。

表 9-6 酒吧对客服务技巧

序号	内容	具体要求
1	使用托盘的技巧	使用托盘行走时,头应正,肩应平,上身应直,两眼平视前方不可用眼看盘面;脚步轻盈自如,托盘随着步伐在胸前平稳向前移动
2	斟酒的技巧	分为桌斟和捧斟两种方式。切记瓶口放在杯沿上斟酒;斟酒的动作在台面以外的地方进行。斟酒时酒瓶商标朝向顾客,不同酒水斟倒的量不同,避免滴酒
3	拿放餐具的技巧	使用干净的服务托盘托送餐具;只允许手拿杯脚或杯子底部;不可将手指伸入盘子内部;用大拇指和食指拿叉、勺等餐具柄处
4	擦拭玻璃杯的技巧	注意擦拭时用力不宜过大以防弄破玻璃杯,同时擦拭时要防止手接触到杯子,以免造成二次污染;保证无破损、无水迹
5	酒水推销的技巧	注意不要"盲目推销";采用选择性的问题,引导顾客做出选择;主动为女士介绍;可以主动推销一些水果拼盘或小食;主动询问是否需要续杯
6	同时应对多位顾客的技巧	忙而不乱,按照先后顺序,做到"一招呼、二示意、三服务";要对顾客的耐心等待表示感谢
7	鸡尾酒服务技巧	调酒姿势和动作要熟练、潇洒、轻松;正确使用调酒工具;遵循女士优先原则;时刻保持吧台整洁;先出品简单的酒水饮品,啤酒可以最后出,以防消泡

三、酒吧服务质量管理与控制

(一)酒吧服务质量

酒吧服务质量的含义一般有两种:一是狭义上的服务质量,指由服务员的服务劳动所提供的、不包括提供实物形态的产品的使用价值;二是广义上的服务质量,包括有形产品质量和无形产品质量两个方面,即设施设备、实物产品和服务质量。

一般服务质量主要指广义的,即酒吧以其所拥有的设施设备为依托,为顾客所提供的服务活动能够达到规定效果和满足顾客需求的特征和特性的总和。

(二)酒吧服务质量管理

酒吧服务质量特点与内容如表 9-7 所示。

表 9-7 酒吧服务质量特点与内容

		酒吧服务质量
特点	无形性	服务是无形的
	不可分离性	生产和消费是同时进行的
	不可储存性	服务无法带走
	差异性	不同的员工提供的服务不同,不同的顾客的服务感受也不同
内容	设施设备质量	如餐具、桌椅、制服等
	实物产品质量	酒水、小吃等
	环境氛围质量	灯光、音乐、人员密度、噪声等
	安全卫生质量	食品安全、消防安全、隐私安全等

　　酒吧服务质量管理可以结合酒吧服务质量管理内容和相关规范要求,设计服务质量检查表,依据检查表进行质量管理与控制。表 9-8 至表 9-10 以酒吧环境质量、酒吧服务人员仪容仪表、工作纪律三个方面为例,设计酒吧服务质量检查表,仅供参考。

表 9-8 酒吧环境质量检查表

序号	检查内容	是否合格	
		是	否
1	玻璃门窗、窗框及镜面是否清洁,无灰尘、无裂痕?		
2	吧台、桌椅、地面是否无灰尘和污渍?		
3	墙面是否无污痕或破损?		
4	盆景花卉是否无枯萎、带灰尘现象?		
5	装饰品是否无破损、污痕?		
6	天花板是否清洁,无污痕、无破损?		
7	空调通风口是否清洁,通风是否正常?		
8	灯泡、灯管、灯罩是否无脱落、破损、污渍?		
9	行进通道和消防通道是否无障碍物?		
10	客用桌椅是否无破损?		
11	酒吧卫生间是否干净、空气清新?		
12	背景音乐音量是否合适?		

表 9-9 酒吧服务人员仪容仪表检查表

序号	检查内容	是否合格	
		是	否
1	服务人员是否按规定着装并穿戴整齐?		
2	工作服是否合体、清洁,无破损、油污?		

续表

序号	检查内容	是否合格	
		是	否
3	服务员是否留有怪异发型？		
4	男服务员是否蓄胡须、留大鬓角？女服务员是否没有化淡妆？		
5	服务人员牙齿是否清洁？口中是否有异味？		
6	服务人员是否过分使用香水？		

表 9-10　工作纪律检查表

序号	检查内容	是否合格	
		是	否
1	工作时间是否有相聚闲谈，无大声喧哗现象？		
2	上班时间是否有打私人电话或玩游戏现象？		
3	是否有交叉抱臂或将手插入衣袋现象？		
4	是否有到前台区域吸烟、喝水、吃东西现象？		
5	是否有在顾客面前打哈欠、伸懒腰的行为？		
6	是否有倚、靠、趴在吧台上的现象？		
7	是否有对顾客指指点点的动作？		
8	是否有对熟客过分随便的现象？		
9	是否有在态度、动作上向顾客撒气的现象？		
10	是否有不理会顾客询问的现象？		
11	是否有在顾客投诉时辩解的现象？		

教学互动

　　由学生小组针对周边某酒吧进行调研，运用因果分析图法分析导致其现在服务质量的原因，由教师进行点评。

项目
小结

　　本项目将重点介绍调酒师的岗位职责与要求，阐述酒吧中的服务程序与对客服务技巧，介绍了一些酒吧服务质量管理中常用的管理工具。通过学习，能够运用规范的服务标准为顾客提供服务，提高顾客满意度。

Note

项目训练

一、知识训练

1.调酒师的主要工作职责。

2.调酒师服务程序。

二、能力训练

酒吧对客服务操作练习:按照对客服务标准程序,模拟迎客、点单、上酒水、过程服务、结账等程序。

(1)分组练习。每个小组 3—4 人,分别模拟顾客和服务员。

(2)学生自评。小组同学内部相互提出意见和建议。

(3)教师点评。教师对各小组的模拟情况进行点评,对服务不规范的地方进行总结,填写下表,并提醒同学们注意。

被考评人					
考评地点					
考评内容					
考评标准	内容	分值	自我评价/分	小组评价/分	教师评价/分
	迎客服务	20			
	点单服务	20			
	上酒水服务	20			
	过程服务	20			
	结账服务	20			
合计		100			

Note

项目十
保障勤补给——酒吧物资管理

 项目描述

　　酒吧的物资管理关乎酒吧运营的基础性和稳定性,物资管理一般包括采购、验收、储存、发放等内容,本项目主要介绍的是酒吧物品采购申请程序、验收注意事项、酒水储存要求及酒水发放流程等。

 项目目标

知识目标
1.熟悉酒吧物品采购申请的程序。
2.掌握酒吧物资验收程序及注意事项。
3.掌握酒水储存要求。

能力目标
1.能正确地发起采购申请。
2.能根据验收内容、酒水质量标准等进行采购物品的验收。
3.能合理地管理酒水存货。

思政目标
1.培养节约光荣的价值观念。
2.培养诚实守信的职业道德观念。
3.培养严谨细致的工匠精神。

知识导图

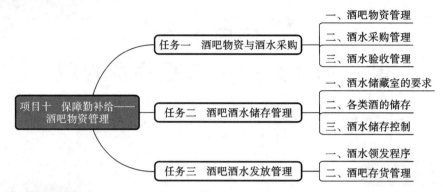

项目十　保障勤补给——酒吧物资管理

　　任务一　酒吧物资与酒水采购
　　　　　　一、酒吧物资管理
　　　　　　二、酒水采购管理
　　　　　　三、酒水验收管理

　　任务二　酒吧酒水储存管理
　　　　　　一、酒水储藏室的要求
　　　　　　二、各类酒的储存
　　　　　　三、酒水储存控制

　　任务三　酒吧酒水发放管理
　　　　　　一、酒水领发程序
　　　　　　二、酒吧存货管理

 学习重点

1. 酒吧物品采购申请程序。
2. 酒水验收管理注意事项。
3. 酒水储存管理。

 学习难点

1. 采购定价程序。
2. 酒吧酒水储存管理要求。

 项目导入

　　随着人工智能、区块链、云计算、大数据等新技术的发展,酒吧经营管理也日趋数字化、精细化。目前,高档酒店的酒吧部门或者大型的酒吧,基本都引入了进销存管理软件、进销存管理系统、ERP 或 SAP 系统等来辅助管理,确保了数据在传递过程中的准确性、时效性和有效性。通过实现采购过程可视、库存实时掌控、数据同步更新、安全库存预警、配货发货高效、精准统计分析,帮助酒吧快速反应、良好运营,从而更快推进业务发展,全面提升其核心竞争力。

　　★剖析:酒吧物资管理作为酒吧成本控制的第一关,其成本的高低直接影响酒吧的利润,是酒吧酒水定价的基础。酒吧物资管理工作非常重要,它维系着酒吧的正常运转。很多酒吧由于对酒水管理不当或失控,进货质次价高,增加了成本,降低了质量,导致酒吧在市场竞争中失利,最终导致亏损或倒闭。

任务一　酒吧物资与酒水采购

一、酒吧物资管理

(一)酒吧物资基本配置

酒吧物资基本配置情况如表 10-1 所示。

表 10-1　酒吧物资基本配置情况

序号	内容	序号	内容
1	酒吧日常用品、耗用品	2	各类进口、国产酒类
3	酒吧调酒所需配料	4	各类进口、国产饮料
5	各类水果	6	酒吧供应的小食品及半成品食材
7	各类调味品	8	杂项类

(二)酒吧物资管理注意事项

(1)保证酒吧经营所需的各种酒水及配料;

(2)保证各项饮品的品质符合要求;

(3)保证以合理的价格进货;

(4)具体物资的种类准备及品牌选择需要考虑酒吧的档次及类型、消费者类型、酒水消费价格等因素。

(三)酒吧酒水原料的质量管理

具体的酒水质量标准参照国家质量监督检验检疫总局(现国家市场监督管理总局)公布的国家标准。

1. 啤酒的国家标准

啤酒的国家标准规定了啤酒的术语和定义、产品分类、要求、分析方法、检验规则以及标志、包装、运输和贮存,并将啤酒分成四类:淡色啤酒(色度 2 EBC—14 EBC 的啤酒)、浓色啤酒(色度 15 EBC—40 EBC 的啤酒)、黑色啤酒(色度大于等于 41 EBC 的啤酒)和特种啤酒,具体的感官要求如下:

(1)淡色啤酒。

淡色啤酒感官要求如表 10-2 所示。

表 10-2 淡色啤酒感官要求

项目			优级	一级
外观[a]	透明度		清亮,允许有肉眼可见的微细悬浮物和沉淀物(非外来异物)	
	浊度/EBC≤		0.9	1.2
泡沫	形态		泡沫洁白细腻,持久挂杯	泡沫较洁白细腻,较持久挂杯
	泡持性[b]/s≥	瓶装	180	130
		听装	150	110
香气和口味			有明显的酒花香气,口味纯正,爽口,酒体协调,柔和,无异香、异味	有较明显的酒花香气,口味纯正,较爽口,协调,无异香、异味

[a] 对非组装的"鲜啤酒"无要求

[b] 对桶装(鲜、生、熟)啤酒无要求

(2)浓色啤酒、黑色啤酒。

浓色啤酒、黑色啤酒感官要求如表 10-3 所示。

表 10-3 浓色啤酒、黑色啤酒感官要求

项目			优级	一级
外观[a]			酒体有光泽,允许有肉眼可见的微细悬浮物和沉淀物(非外来异物)	
泡沫	形态		泡沫细腻挂杯	泡沫较细腻挂杯
	泡持性[b]/s≥	瓶装	180	130
		听装	150	110
香气和口味			具有明显的麦芽香气,口味纯正,爽口,酒体醇厚,杀口,柔和,无异味	有较明显的麦芽香气,口味纯正,较爽口,杀口,无异味

[a] 对非瓶装的"鲜啤酒"无要求

[b] 对桶装(鲜、生、熟)啤酒无要求

2. 葡萄酒的国家标准

葡萄酒的国家质量标准规定葡萄酒的术语和定义、产品分类、要求、分析方法、检验规则、标志以及包装、运输、贮存等要求。该标准将葡萄酒按照色泽、含糖量、二氧化碳含量进行了分类,并对各类葡萄酒的感官要求做了详细规定,具体如表 10-4 所示。

表 10-4　葡萄酒的感官要求

项目			要求
外观	色泽	白葡萄酒	近似无色、微黄带绿、浅黄、禾秆黄、金黄色
		红葡萄酒	紫红、深红、宝石红、红微带棕色、棕红色
		桃红葡萄酒	桃红、淡玫瑰红、浅红色
	澄清程度		澄清，有光泽，无明显悬浮物（使用软木塞封口的酒允许有少量软木渣，装瓶超过 1 年的葡萄酒允许有少量沉淀）
	起泡程度		气泡葡萄酒注入杯中时，应有细微的串珠状气泡升起，并有一定的持续性
香气与滋味	香气		具有纯正、优雅、怡悦、和谐的果香与酒香，陈酿型的葡萄酒还应具有陈酿香或橡木香
	滋味	干、半干葡萄酒	具有纯正、优雅、爽怡的口味和悦人的果香味，酒体完整
		半甜、甜葡萄酒	具有甘甜醇厚的口味和陈酿的酒香味，酸甜协调，酒体丰满
		起泡葡萄酒	具有优美醇正、和谐悦人的口味和发酵起泡酒的特有香味，有杀口力
	典型性		具有标示的葡萄品种及产品类型应有的特征和风格

3. 碳酸饮料（汽水）的国家标准

碳酸饮料（汽水）的国家标准规定，碳酸饮料为在一定条件下充入二氧化碳气的饮料，不包括由发酵法自身产生二氧化碳气的饮料。碳酸饮料分为果汁型、果味型、可乐型及其他型，感官上应具有反映该类产品特点的外观、滋味，不得有异味、异臭和外来杂物。

二、酒水采购管理

（一）采购制度

为做好酒吧的采购工作，提高酒吧经费使用率，保证质优价廉的供应，确保经济指标的完成以及防止不良倾销行为发生在酒吧服务物品采购过程中，需要遵守以下规定。

（1）所有采购活动必须遵守国家有关法律和法规。

（2）相关人员在采购、收货的过程中，必须遵守商业道德，努力提高业务水平，适应市场经济的发展要求；遵纪守法，相互监督，相互配合，共同把关。

（3）购买服务物品须填写物资采购申请单，报请相关负责部门同意后进行统一采购。

（4）采购人员必须充分掌握市场信息，收集市场上的物资资料，预测市场供应变化，并结合酒吧自身情况，提出合理的采购建议。

（5）严把质量关，认真检查服务物品质量，力求价格合理、质量合格。

（6）采购的服务物品要适用，避免盲目采购造成积压浪费。严格按采购计划办事，执行服务物品预算，遵守财务纪律。

(7)加工订货,要对厂家生产的服务物品的性能、规格、型号等进行考察,针对考察结果与使用部门协商,择优订货。

(8)签订合同,必须注明供货品种、规格、质量、价格、交货时间、货款交付方式、供货方式、违约经济责任等;否则,造成的损失由相关的采购人员负责。

(9)及时与有关部门联系,做到购货迅速,减少运输中转环节,降低库存量。

(10)大型设备等服务物品要按照规定要求进行购买。

(二)采购申请程序

1.采购申请程序的分类

酒吧采购的工作是从采购申请开始,一般分为两类:

一是在总仓库储备的物品,由仓库领班提出补货申请;在申请之前须认真核查库存量及消耗量,同时结合月度采购计划填制采购申请单,然后由酒吧确认补货品种和存量,由成本主管核准。

二是酒吧仓库储备的物品,由酒吧直接填写请购单,提交补货申请。申请时须送仓库确认是否有该项储备,或查询仓库多余物资中是否有可替代品。

除此之外,还有另一种采购叫作紧急采购。有些物品不经常用到或者用到的数量少,仓库没有贮存。当需要使用的时候由酒吧直接申请采购,通过财务验收,然后领取。不过这种采购在酒吧是不常见的。

2.采购申请单的填写时间

零星采购申请须提前 10 天填好采购申请单(见表 10-5),采购申请具体要求在采购的软件系统里完成,一般包括物料代码、物料名称、规格型号、计量单位、建议到货日期、订货数量、金额、税率、供应商、报价、参考单价、实际到货日期、备注等。从总经理的审批,到通知供应商或者采购部直接到市场采购,这个过程尽量在一个星期内完成。总仓定制物品(物料)须提前 30 天申购,且必须注明到货日期。这样可以便于安排供货商的生产及送货周期。酒水饮品要求供货商每星期送 1—2 次货物。

表 10-5　采购申请单(样表)

申购部门:　　　　　　　　　　　　　　　　　　　　　　　　　　　日期:

编号	品名与规格	单位	日用量	库存量	申购量	前期价格	采购		备注
							询价	定价	

续表

| 申购说明： | | | | |

总经理批示	财务分管领导	财务部门经理	采购主管	采购员

审核人：　　　　　　　　经办人：　　　　　　　　申请人：

第一联：保管　第二联：采购　第三联：存根

注：申购部门填写"品格及规格""单位"及"数量"。

(三)定价程序

对于库存物品的采购,酒店一般都有固定的供货商。首先采购员须提供 3 家以上供货商报价,对于采购员所提供的供货商,使用部门、财务部门要对其所提供的产品进行背景调查,对产品的价格、品种、信誉,尤其是同行对供货商物品的使用回馈信息等做相应的评判。再权衡提供的物品价格、质量、送货日期等,由采购经理报财务总监审定,确认供货商,报总经理备案。

(四)采购程序

所有有效的申购单到达采购部后,采购部按申购单先后顺序及采购物品的轻重缓急,安排采购计划。

1.采购物品到货周期

(1)仓库补货:10 天内到货,10 天内到货是指在预留 30 天货物周转量的前提下。

(2)其他市内零星采购或市场采购:一周内到货,原则上 3 天到货。

(3)本市以外市场采购:20 天内到货。

(4)需定制或国外采购:按供货商的最短周期计算。

(5)紧急采购:采购部须尽最大能力满足要求,保证供应。

2.申购单的注意事项

申购单一式四联,落实采购计划后,采购部须将申购单分送收货部,以便做好验货准备。

(五)采购项目的结算

(1)采购人员零星采购可以直接支付现金,并按酒店程序办理报销手续。

(2)大宗或批量采购,必须按照报账程序填好报销单,经财务部审核、总经理审批后方可交出纳办理结算手续。

具体采购流程如图 10-1 所示。

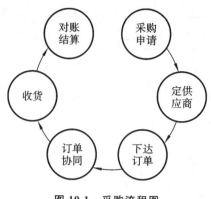

图 10-1 采购流程图

三、酒水验收管理

酒水验收是指验收员按照酒水验收程序与质量标准,检查酒水供应商发送的或由采购员采购来的酒水的质量、数量、规格、单价和总额等,并将检验合格的各种酒水送到酒水储藏室,记录检查结果的过程。

(一)收货单作为收货凭证

验收员在收货前需从采购系统中打印出当日待收货的清单,验收完成后签字确认交收货部作收货凭证,不在收货清单之列的货物,验收员有权拒收。没有经过验收员的验收,酒店的供货商直接将物品送到使用部门,供货商将没有收货凭证作为收款依据。

(二)验收审核

被验物品的品种、规格、质量、数量必须与随货凭证、被批准的申购单相符,包装的食品原料应注明厂家名称、厂址、商标、生产日期、保质期限、质量标准、包装规格等;进货物品如有合同或小样,应根据合同标准和封存小样进行验收。

酒水的验收内容如图 10-2 所示。

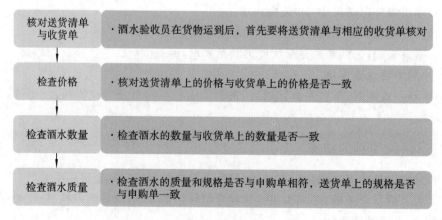

图 10-2 酒水验收内容

（三）确认收货

验收无误后,收货人、申请部门及供应商都应该签名确认,收货单分别交给财务部/成本办、供应商、使用部门及仓库,验收员也应在采购系统中完成验收确认操作,采购的物品的库存数量、成本等在系统中自动纳入相应部门。

收货单(样本)如表 10-6 所示。

表 10-6　收货单(样本)

收货部门：

供应商：　　　　　　　　日期：　　　　　　　　单据号：

物品代码	物品名称	规格型号	单位	数量	单价	金额	税额	价税合计	税率	备注
合计										

收货人：　　　　　　　　申请部门：　　　　　　　　供应商：

日期：　　　　　　　　日期：　　　　　　　　日期：

注:白色联交财务部/成本办,红色联交供应商,黄色联交使用部门,蓝色联交仓库。

（四）收货时间

入库物品由仓库管理员在收货单上签收并将货品入库储存,仓库管理员须马上通知使用部门已到货。

上午到达的直送物品,收货部门须于当天下午 3:00 前完成收货记录;下午到达的直送物品,须于下午下班前完成收货记录。

部门负责人须及时在收货记录上签收。收货部门须于第二天上午将收货记录送成本办;成本办凭各部门负责人或指定收货人的签名进行收货记录,以作为部门成本费用入账的原始凭证。

（五）退货处理

若供应商送来的酒水不符合采购要求,应请示酒吧主管是否按退货进行处理。若因经营需要决定不退货,应由酒吧主管或酒吧经理在验收单上签名;若决定退货,验收员应填写退货单。

退货时,验收员应在退货单上填写所退酒水的名称、退货原因及其他信息,并在退货单上签名。退货单一式三份,一份交送货员带回供货单位,一份验收员自己保留,一份交财务部。验收员退货后,应立即通知采购员重新采购,或通知供货单位重发。

任务二　酒吧酒水储存管理

在酒水储存过程中,有两点尤其需要重视:一是储藏上严格管理,防止其他损耗,酒水储存得当,能提高和改善酒的价值,这一点以进口高级葡萄酒最为突出;二是防止偷盗和失窃现象发生,要积极培养酒吧员工的责任心和职业素养,这起着至关重要的作用。加强酒水储存管理、保证酒水质量、避免酒水损耗和丢失是整个酒水成本控制中不可忽视的环节。

一、酒水储藏室的要求

酒水储藏室的设计和安排应讲究科学性,这是由酒品的特殊性质决定的。理想的酒水储藏场地应符合如图 10-3 所示的几个基本条件。

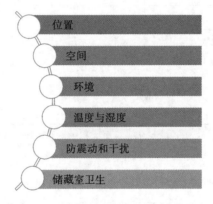

图 10-3　酒水储藏场地的基本条件

二、各类酒的储存

(一)啤酒

啤酒的最佳储存温度是 5 ℃—10 ℃,温度过低,酒液浑浊;温度过高,则酒花的香气会逐渐消失。啤酒是越新鲜越好的酒类,购入后不宜久藏,最佳饮用期为 3 个月。啤酒长时间放置在温度偏高的环境中,其口味调和性将会受到破坏,酒花的苦味物质及单宁成分被氧化,啤酒的颜色会变红,混浊现象也会提前发生,如放置在 20 ℃下保存的啤酒要比放在 5 ℃条件下的啤酒提前浑浊。因此,啤酒最好放置在阴凉处或在冷藏室内保存,同时,要保持干燥和良好的通风,防止啤酒温度升高。当然,严冬季节(北方)需采取防冻保暖设施,以免发生冷混浊,致使啤酒口感变差。另外,啤酒的保存应按生产日期分别堆放,做到先生产先出仓,缩短在仓库内的放置时间。

(二)葡萄酒

1.温度恒定和一致性

温度是储藏葡萄酒的重要因素之一,同样重要的还有保持温度的稳定性。酒中成分的稳定性会随环境温度的高低变化而变化,软木塞也会随温度的变化而热胀冷缩,特别是保存时间较久的、弹性较差的软木塞。绝大多数酒柜配备有控制内部温度的温控器,无论外部环境温度如何变化,酒柜中都可保持温度稳定。酒柜内的内置风扇也可确保柜内不同位置温度分布均匀、一致。

2.湿度

相对湿度65％是储藏葡萄酒的最佳湿度。一般情况下,相对湿度能保持在55％—80％均属较好的湿度环境。如果湿度偏低,空气就通过变干的软木塞进入瓶内而使葡萄酒氧化,酒水也会渗入软木塞;如果湿度偏高,软木塞会产生异味,同时也会损坏标签。

3.平直摆放

有软木塞的葡萄酒瓶应始终平直摆放储藏,以方便酒与软木塞接触。这样可以保持软木塞的湿度,并起到良好的密封作用,避免空气进入导致葡萄酒氧化。葡萄酒瓶竖直摆放储藏时,酒和软木塞之间则存在空隙。因此,葡萄酒平直摆放是储存的最佳摆放方式,摆放时酒的水平度至少需达到瓶颈部位。

4.振动

频繁的振动会干扰葡萄酒中沉淀物的稳定。沉淀物随着葡萄酒的储存时间的加长而会产生自然沉淀,但也可能因受到震动而重新变回到液态,受到抑制。另外,振动也会破坏酒的成分结构。

5.紫外线

紫外线破坏有机化合物可使葡萄酒早熟或老化,尤其是单宁,它主要影响着葡萄酒的香气、味道及成分结构,紫外线照过的葡萄酒品尝或闻起来会有如大蒜或湿羊毛的味道,因此葡萄酒最好储藏在没有光线的地方,尤其是名贵的酒,应注意避免阳光和白炽灯光的照射,而选择白色LED灯,因为它不含紫外线,也不会传导热量而影响酒的温度。

6.空气流通

在潮湿的环境中,空气的流通主要是防止细菌成长。发霉的软木塞易产生有害气味,强烈的气味会穿透软木塞改变葡萄酒原有的品质。酒柜中的风扇可以让空气更新鲜,它可以均匀疏散空气,防止细菌滋生。

需要特别关注的是,香槟不需要特别照顾,平放在凉爽的地方就可以。香槟的最佳饮用温度为6 ℃—10 ℃。香槟是葡萄酒中的"贵族",通常有特制的梯形保存架。其摆置方法是近乎倒置,因为其制法与众不同。市场出售的香槟通常已在酒厂存放3—5年,为防止其再次沉淀,倒置是最佳摆放方式。不过若保存温度适宜且保存期限短,卧置也是可取的,若保存得当可放置10年之久。

(三)白兰地

(1)不可直接接受阳光照射。

（2）不可置于高温处（易蒸发）。

（3）瓶盖为软木塞的白兰地，每隔一段时间需将酒瓶平放，让软木塞能保持湿润，以避免开瓶时软木塞断裂于瓶内（陶瓷瓶除外）。

（4）无保存期限，但存放过久，酒体会蒸发，造成缺少。

（5）最佳饮用时间为购入后3年内。

（6）白兰地装瓶后即无陈年作用。

（四）其他酒类

利口酒中的修道院酒、茴香酒宜低温储存。除伏特加、金酒、阿夸维特酒需低温储存外，蒸馏酒对温度的要求相对低一些，但不可完全暴露在温度大起大落的环境之中，否则酒品的色、香、味均会受到影响。

三、酒水储存控制

（一）酒水分类储存

入库的酒品都要在系统中确认登记。储藏区的排列方法非常重要。应根据不同类别酒水储存要求进行分类摆放，同类饮料应存放在一起。例如，所有金酒应存放在一个地方，威士忌应存放在另一个地方。这样排列，便于取酒。酒水储藏室的门上可贴一张平面布置样图（见图10-4），以便服务员迅速找到所需要的酒。

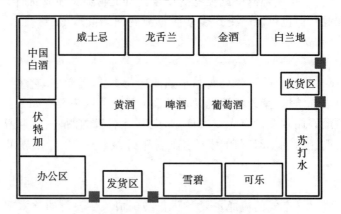

图10-4　酒水仓库平面布置样图

酒水箱子一经打开，应该拆开箱子把酒水全部上架，避免将空瓶装进箱子里与原装瓶酒混淆。

酒水储藏室切勿与其他仓库混用。外来异味极易透过瓶塞进入瓶内，导致酒液变质。如果酒吧条件有限，可将有异味的物品用密封箱单独装箱再与酒水一起储藏。

（二）合理规划酒水储存位置

按使用程度确定储存位置，最常用的酒水尽可能放置在出入口附近以便拿取，重的、体积大的酒水应放在低处并尽量靠近通道和出入口，这样可减少搬运的劳动强度、节省搬运时间。

值得注意的是,顾客放在酒吧的暂存酒水应单独摆放,也按酒品分类,并做好标记,如按姓名、电话、酒品名称、剩余量等内容进行登记并录入系统,还要在系统中对存放位置进行详细备注,方便服务员快速找到。

(三)专人负责酒水储存管理

为了确保酒水存放的安全,减少不必要的损失,酒水仓库的钥匙必须由专人保管,酒水仓库管理员对仓库内所有的物品均负有完全责任,其他任何人员未经许可不得随便进出。

此外,许多酒吧都有吧内小储藏室,用来储藏部分酒品,这些地方在非营业时间必须锁好,避免酒水丢失。一般来说,酒吧储藏室或其他非饮料储藏中心的饮料的储藏数量应达最低限度,因为这些区域安全设施不足,容易出现较大的漏洞。解决这一问题的关键是建立健全酒吧储存标准制度,即确定酒吧必须拥有的标准存货量。

任务三　酒吧酒水发放管理

一、酒水领发程序

根据国内外一些大型酒店的经验,酒水饮料发放工作通常在一天中的 9:00—10:00或 14:00—16:00 进行,因为这段时间酒吧客流量相对较小,可安排服务员前往酒水仓库领货。如果申请领料计划较为准确,一般都能保证当天的正常营业。

酒吧服务员下班之前应在管理系统中填写酒水领用申请单,注明需领用的物料代码、物料名称、物料采购类别、计量单位、预计领货日期、数量、参考单价、参考金额、当前库存量及备注等。通常含酒精的烈酒是以瓶为单位发放的,软饮料则以打或箱为单位发放。酒吧主管或经理会根据酒吧的经营状况审批酒水领用申请单。

酒吧服务员凭审批后的酒水领用申请单(见表 10-7)到酒水仓库领料,酒水仓库管理员根据酒水领用申请单上的项目核实发放,发完货后签字,在系统库存模块中减去相应数量。酒水领用申请单共三联:第一联交财务部,第二联留存酒水仓库,第三联交酒吧保管。餐饮部管理人员每个月可用酒水领用申请单正本与酒水仓库管理员和酒吧进行核对,防止有人利用酒水领用申请单做假账。

表 10-7　酒水领用申请单(样本)

酒吧_____　　　　　　　　　　　日期_____

编号	品　种	单位	领用数量	发放数量	单价	金额	备注

续表

编号	品　种	单位	领用数量	发放数量	单价	金额	备注
	总计						

填表人：　　　　　部门主管：　　　　　　领货人：　　　　　　发货人：

日期：　　　　　　日期：　　　　　　　　日期：　　　　　　　日期：

　　为了便于管理和控制，在发放的每瓶酒品（主要指烈酒）上都应该贴上本酒店特制的瓶贴标签，或打上印记。第一，用于确认该酒是由酒水仓库发出的，有利于控制和减少调酒服务员私自带酒进酒吧销售的机会。第二，发放日期更直观，如果某一销量很好的酒品在酒吧滞留时间过长，管理人员可以据此进行检查，及时发现问题。第三，如果酒店有大堂酒廊、行政酒廊、西餐厅等酒水使用部门，且独立核算成本，则贴印上标记还可以区分发往哪家酒水使用部门，以杜绝货品发放混乱的情况。第四，酒吧领取烈酒时需要以空瓶换满瓶，领料时酒水仓库管理员要再次核对确认，减少舞弊现象，从而降低酒吧损失。

二、酒吧存货管理

　　目前，多数酒吧均使用智能化的库存管理系统和财务系统中的库存模块来进行存货管理，可实时了解库存酒水储存量的变化和酒水的去向。

（一）标准存货量

　　酒吧都有自己的标准存货量，保持一定的存货量对酒吧的正常运转是至关重要的，而良好的存货控制能减少资金占用，有利于资金周转。酒水仓库管理员应在每次进货或发料时在库存系统里及时做好记录，实时反映存货增减情况。

（二）库存酒水循环使用

　　酒水仓库管理员应注意确保先到的酒水先出，这种库存酒水的循环使用法叫作先进先出法。酒水仓库管理员在盘点库存酒水时，发现储存时间较长的酒水应列在清单上，请各部门及时使用或加大推销力度。

（三）定期掌握库存酒水结存情况

　　根据酒水库存管理要求，掌握库存酒水结存情况，酒店至少应每月进行一次清仓盘点，遇到非常情况还应采用定期检查与不定期检查相结合的方法进行盘点，以便及时发现问题。

　　清仓盘点工作主要由酒水库存部门和财务部门共同承担。酒水库存盘点主要是清点酒水仓库和各酒水使用部门(如酒吧、餐厅等)的库存酒水,检查酒水的实际存货量是否与系统账面相符。通过盘点,计算并核实每月月末的库存额和餐饮酒水的成本消耗,为编制每月的资金平衡表和经营情况表提供依据。

教学互动

　　去周边酒吧进行调研,详细了解该酒吧酒水采购、验收、入库、储存等流程,结合该酒吧实际情况,在教师的指导下,绘制"一瓶酒从供应商仓库到顾客手中"的路径图,并对完成的作品进行公开展示。

　　教师进行点评。

项目小结　　本项目主要介绍酒吧物资的采购、验收、储存、发放管理等内容。学生重点掌握酒吧的物资采购程序、验收程序、存货管理,学会正确地申购、验收酒吧物资。

项目训练

　　一、知识训练

　　1.酒吧服务人员采购申请程序。

　　2.酒水验收管理注意事项。

　　3.酒水储存场地要求。

　　4.酒水领发程序。

　　二、能力训练

　　1.去酒店学习采购、库存等系统操作方法。

　　2.去酒店的仓库见习库存物品的管理。

项目十一
营销新花样——酒吧营销管理

 项目描述

　　专业的酒吧运营管理是酒吧正常开展酒水营销和经营活动、获得盈利的保障。作为合格的酒吧管理者,应当充分了解酒吧的定位,熟悉酒水营销、酒吧营销、策划管理与酒吧经营方法、手段、措施,制定切实可行的酒吧营销管理方案,实现酒吧专业化、特色化经营目标。

 项目目标

知识目标
1.归纳酒吧酒水营销的内容和方法。
2.复述酒吧营销管理的方法和技巧。

能力目标
1.能进行酒吧促销活动策划与实施。
2.能进行主题酒会的策划与管理。

思政目标
1.树立立足基础、革故鼎新的工作态度。
2.养成实事求是、踏实务实的劳动作风。

知识导图

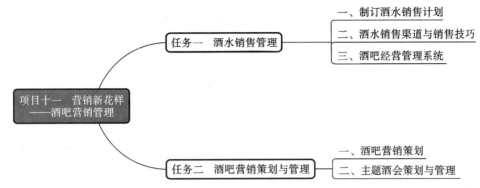

项目十一　营销新花样
——酒吧营销管理

任务一　酒水销售管理
一、制订酒水销售计划
二、酒水销售渠道与销售技巧
三、酒吧经营管理系统

任务二　酒吧营销策划与管理
一、酒吧营销策划
二、主题酒会策划与管理

学习重点

1.酒水销售计划的制订。
2.酒吧营销策略的制定。

学习难点

1.酒水销售渠道拓展方法。
2.主题宴会的策划。

项目导入

　　某酒吧是深圳市一家大型的酒吧,装修豪华,开业十多年来,一直是当地酒吧的标杆,也是本地市民与外地游客娱乐消遣的首选。可是近一年来,这家酒吧的顾客不增反降,营业收入也不断降低,老员工不断流失。通过市场调查发现,本地新开了几家同类型酒吧,它们很善于利用各种新媒体手段,开展了各种各样极具话题的新颖活动,吸引了大批年轻消费者。

　　★剖析:作为一名专业的酒吧经营管理者,应当具备高超的管理水平,尤其在营销方面,要能够根据酒吧自身特点,制定相应的酒吧营销方案,通过微信、抖音、微博等新媒体平台开展营销活动,巧妙地通过各种事件营销、饥饿营销方式,吸引消费者的注意,提高酒吧的吸引力,满足不同层次顾客的需求。

任务一　酒水销售管理

一、制订酒水销售计划

各类型的酒吧中,酒水是酒吧主要的盈利点,是酒吧营销的重要组成部分。根据酒吧的实际情况制订相应的销售计划,是有效开展酒吧经营活动的基础。酒吧的酒水销售计划包含合理的销售指标、完善的销售程序以及有效的酒水促销等方面。

(一)酒水销售指标

酒水销售指标是对酒吧酒水销售额起关键作用的各项指标。酒水销售总额是酒吧所销售的各种酒水与服务的总价值。提高酒水销售总额,是酒吧经营的主要目的。为了有效提高酒水销售总额,管理人员必须加强对相关指标的管理。

1.酒水人均消费额

酒水人均消费额是指每位顾客单次来酒吧消费酒水的平均费用,是酒吧经营管理中非常重要的数据,它反映酒吧酒水的销售情况,有助于酒吧经营管理人员了解酒水的售价是否符合消费者心理预期,了解酒水服务员和调酒师是否努力推销酒吧酒水。

酒水人均消费额的计算公式如下:

酒水人均消费额=酒水总销售额/接待顾客数

管理人员应经常注意酒水人均消费额的高低。如果一段连续时间内酒水人均消费额过低,就必须考虑酒水出品、服务、推销或定价是否存在问题。

2.平均每座位销售额

在酒吧实际经营中,一位顾客可能喝一杯酒就匆匆离去,也可能整个下午都在酒吧商谈公务,要点数次酒水。对此,常用平均每座位销售额来统计一段时间内的酒水销售情况。

平均每座位销售额的计算公式如下:

平均每座位销售额=总销售额/座位数

3.平均每座位接待的顾客数

平均每座位接待的顾客数也被称作座位周转率,该指标反映酒吧吸引顾客的能力。由于各酒吧特点不同、经营情况不同,座位周转率差异也比较大。

座位周转率的计算公式如下:

座位周转率=某段时间的顾客数/(座位数×天数)

4.每位酒水服务员销售量

该销售量分为两种指标:

一种指标以一定时间范围内的每位酒水服务员服务的顾客数来表示。这个数据反映服务员的工作效率,为酒吧配备服务员、安排工作班次提供了基础,也是服务员业绩

Note

评估的基础。

另外一种指标以每位服务员的酒水销售额来表示，即每位服务员某经营时段的酒水销售收入总额。例如：某酒吧在月末对服务员的工作成绩进行比较时，获得了如表11-1所示的销售数据。

表 11-1　某酒吧服务员工作业绩

项目	服务员 A	服务员 B
服务顾客数量/人	1950	2008
产生销售额/元	51675	51832.2
顾客平均消费额/元	26.50	25.81

上述数据明显反映了服务员 B 无论是在服务顾客数方面还是在产生销售额方面都超过服务员 A，说明服务员 B 在服务接待顾客方面比服务员 A 更为积极主动。但是服务员 B 服务顾客的平均消费比服务员 A 少 0.69 元，说明服务员 B 在引导顾客追加酒水消费方面不如服务员 A。据此，酒吧经理可向服务员 B 指明具体努力方向，帮助服务员 B 提高酒水销售能力。

服务员的销售数据，可由收银员对酒水账单的销售数据进行汇总，也可由酒吧经理对酒水账单存根的销售数进行汇总而得到。

5. 时段销售量

时段销售量是某时段（每个月份、每天、每天不同的时间点）的酒水销售数据，是配备服务人员、推销酒水、安排最佳的营业时间和打烊时间的重要参考依据。

时段销售量包括两种形式：一种是一段时间内酒吧服务员服务的顾客数，另一种是一段时间内产生的酒水销售额。

例如：某酒吧 15:00—18:00 所服务的顾客数为 40 人，产生的销售额为 900 元；18:00—21:00 服务的顾客数为 250 人，产生的销售额为 7000 元。很明显，两个不同时段，应配备不同数量的员工。

又如：某酒吧原定于凌晨 2:00 停业，但在午夜 0:00—2:00 只产生了 80 元的酒水销售额。经过计算发现，这两个小时营业时间的费用和成本会超过营业收入，因此不如提前打烊。

6. 酒水销售额指标

酒水销售额是显示酒吧经营好坏的重要销售指标。一段时间内的酒水销售额指标的计算公式如下：

一段时间内的酒水销售额指标＝座位数×平均座位周转率
×平均每位顾客消费额指标×天数

(二)酒水销售程序

酒水销售在一定程度上依赖于严密的组织和流畅的销售程序。

1. 小型酒吧酒水销售程序

对于小型酒吧而言，也许只有 1 位调酒师兼服务员和收银员，好的控制方法是使用收银机，并明确收银机的使用规范。通过使用收银机，调酒师在出售酒水时记录每一笔消费,为每一位顾客累计消费额,并在收银机上开出小票放在顾客面前,以便顾客自行核对账目。顾客结账时,调酒师将销售金额录入收银机。每天营业结束,收银机记录的酒水销售总额应等于全部销售总额。严禁不开票供应酒水的情况,一旦发现,要对当事人予以严惩。

2.大型酒吧酒水销售程序

大型酒吧酒水销售程序如图 11-1 所示。

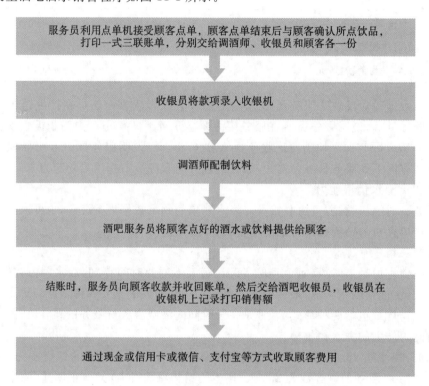

服务员利用点单机接受顾客点单,顾客点单结束后与顾客确认所点饮品,打印一式三联账单,分别交给调酒师、收银员和顾客各一份

收银员将款项录入收银机

调酒师配制饮料

酒吧服务员将顾客点好的酒水或饮料提供给顾客

结账时,服务员向顾客收款并收回账单,然后交给酒吧收银员,收银员在收银机上记录打印销售额

通过现金或信用卡或微信、支付宝等方式收取顾客费用

图 11-1　大型酒吧酒水销售程序

(三)酒吧促销方案的制定

制定酒吧促销方案的目的是有效实现预期的促销目标。在制定酒吧促销方案时,酒吧必须按照六个步骤进行。(见表 11-2)

表 11-2　制定酒吧促销方案的六个步骤

要点	要点描述
1.选择促销对象	酒吧进行有效促销的前提是明确相应的促销对象。促销对象的选择应建立在对以往酒吧消费群体的分析及市场调研所获取的数据之上
2.选择促销途径	促销途径是指酒吧实施促销方案所选择销售渠道、方式等。促销途径的选择与所对应的消费群体有密切的关联,不同消费者所选择的消费途径不一样,酒吧的促销需要根据调研分析,选择正确的促销途径方能取得较好的效果

续表

要点	要点描述
3.确定促销期限	酒吧促销活动是指酒吧某阶段的销售推广活动,具有一定的时效性,因此必须把握好促销期限。 第一,并不是促销时间越长越好,酒吧促销时间过长会让顾客认为酒吧中促销的产品正处于降价状态,影响对酒吧的印象。第二,如果促销的时间过短,很多潜在顾客很有可能在此期限内无法产生重复购买的动机
4.安排促销人员	成功的促销离不开优秀的销售人员。酒吧促销需要找熟练的专业酒水促销人员来担当,可以找酒吧内部的销售人员,也可以聘请店外专业销售团队来帮助酒吧完成销售工作
5.确定促销预算	确定促销预算是指确定酒吧促销活动所需要的费用。这些费用包括各类媒体广告、印刷宣传品、促销人力成本、物资成本等。不同规模的活动所需要的预算内容、费用多少不一样,这是在制订促销计划时需要一并考虑的
6.评估促销绩效	促销绩效评估包括两部分:一是对促销方案的评估,评估的目的是修整方案中不合理之处,及时做出调整和完善,保证方案的可行性;另一方面是对促销结果的评估,其目的是评估促销活动的效果和产生的效益,为以后的促销活动提供借鉴依据

二、酒水销售渠道与销售技巧

(一)酒水销售渠道

1.传统酒水销售渠道

酒吧是顾客认识酒吧、体验酒吧环境和服务的载体,也是酒吧进行酒水销售、实现销售目标的主渠道。酒吧凭借独具特色的设计与装饰、良好的环境,服务人员的热情服务,优质的酒水服务以及各种营销活动赢得消费者。

此外,平面广告,如报纸、杂志等;视听媒体,如电视、电台等都是传统酒水的销售、宣传渠道。

2.新兴的销售渠道

随着互联网的快速发展,营销的方法和手段也发生了翻天覆地的变化。基于以内容为中心的营销策略,营销方式以及营销渠道都与传统销售模式有了极大的不同。从传统的线下电视广告、报纸广告、车身广告、电梯广告等营销方式向电商网络平台迈进,酒吧的销售也从线下分流到了线上。酒吧酒水销售常见的销售渠道有美团外卖、大众点评、京东、淘宝等网站电商平台,以及微信、微博、小红书、抖音等。

(二)酒水销售技巧

作为一名优秀的酒吧服务人员,应当具备专业的酒水营销知识,并能根据不同酒水的特点,有针对性地开展营销活动。

1.服务推销

酒吧服务人员应当从产品特点出发,结合顾客具体情况开展酒水营销工作。首先,要详细了解酒吧饮品原料成分、调制方法、基本口味、适应场合。其次,每天上班前熟悉当天的特饮以及酒水的存货情况,避免出现无货的状况。最后,应根据顾客的需要详细介绍饮品,避免点错饮品。

服务推销应从顾客需要出发,语言应简洁、有礼,服务要热情、周到、文明。服务推销应积极推销酒吧的特色饮品或创新饮品,同时主动制造销售机会。

2.演示推销

演示推销时,调酒师直接接触顾客,直接向顾客展示酒水调制的过程,且有机会同顾客聊天,随时回答顾客提出的问题。

3.酒水特色推销

不同的酒水都有独特的酿造工艺和特点。在酒水推销过程中,服务员要全面了解酒水的种类、品牌、酿造工艺、口感等,并进行有针对性的推销。

各类酒水的推销技巧如表11-3所示。

知识链接
▼

实用酒吧
酒水促销
方式

表11-3 各类酒水推销技巧

酒水类别	推销内容
葡萄酒	①根据葡萄酒的饮用特点推销; ②根据葡萄酒与菜肴的搭配要求推销; ③推荐好年份的葡萄酒,这类酒品质上乘、味道好; ④推荐世界著名产地的名品葡萄酒; ⑤推荐当地人们熟悉的品牌。例如中国张裕、长城等,推荐人们熟悉的品牌容易被顾客认可和接受; ⑥在展示服务技巧的过程中推销
香槟	①根据香槟储存的年份推销。香槟一般需要陈酿3年,以经过6—8年陈酿的香槟最受欢迎; ②利用香槟的特点来创造酒吧活动的特殊气氛,从而进行推销; ③香槟的推销在于服务人员掌握香槟的服务技巧和捕捉顾客与大家共享欢快的喜悦心理
啤酒	①要根据饮用特点推销; ②推销名品啤酒和鲜啤酒; ③通过服务技巧来推销啤酒。啤酒中含有二氧化碳气体,酒体泡沫丰富,啤酒的斟倒更具有技巧性

续表

酒水类别	推销内容
威士忌	①推销名品威士忌； ②按饮用习惯推销，如纯饮、加冰饮用或混合饮用
白兰地	①根据产地推销； ②根据品牌推销； ③根据酒龄推销
鸡尾酒	①根据鸡尾酒的色彩推销，鸡尾酒的色彩是最具有诱惑力的，服务人员可根据其色彩的组合，向顾客介绍色彩的象征意义等； ②根据鸡尾酒的口味推销，当今世界上各种流行口味可让顾客了解，如偏苦味、酸甜味等，以拉动鸡尾酒的销售； ③鸡尾酒的造型表达不同的含义，体现酒品的风格，服务员可通过对造型的说明向顾客推销； ④推销著名的鸡尾酒品，对一些著名的酒品，如干马天尼、曼哈顿、红粉佳人等，可以通过典故来描述其特征和创意来源； ⑤通过调酒师的表演来推销

三、酒吧经营管理系统

随着时代的发展，现代科技逐渐渗入我们的工作和生活，酒吧通过运用科技创新手段来丰富客户体验。酒吧经营管理系统是通过计算机、互联网或云平台等技术手段设计的一套完整的管理系统。

酒吧管理系统是酒店数字化运营的重要组成部分，本书以"九点半酒吧管理系统"为例进行介绍。

(一)酒吧管理系统概述

酒吧管理系统是通过计算机软件管理系统，对酒吧日常服务、物资管理、会员管理等实施信息化、数字化管理，可以有效提高酒吧服务、管理、运营效率，并通过相关数据的收集、整理、分析，为酒吧经营决策提供指导和帮助。

"九点半酒吧管理系统"由北京智合云鼎科技有限公司研发，通过智慧管理引擎赋能消费、营销、互动和运营四大场景，联通管理者、员工、消费者三大人群，为酒吧提供全场景智慧营销管理一体化解决方案。

"九点半酒吧管理系统"包括：
(1)服务流程。订台—开台—控台—清台。
(2)必备环节。点收一体化，存酒、存包。
(3)特色服务。会员积分、会员奖励、定制化，各类会员福利。
"九点半酒吧管理系统"的主要职能包括：
(1)对客户消费进行统一的跟踪管理。
(2)实现人性化的会员管理方式，能更好地为会员服务。

（3）现代化、全面的财务管理。减少人为的走单、逃账等现象，实现资源调配科学化，经营成本最低化，扩大市场。

（4）通过在后台的办公查询，方便领导及管理人员随时随地了解掌握经营情况，迅速做出经营决策。

（5）通过先进的软硬件及数据库选型，为日后酒吧运作及其他信息管理系统、办公自动化系统等预留接口，以方便日后的升级。

（二）酒吧经营管理系统常见功能模块

1.酒吧营运管理模块

酒吧管理系统涵盖酒吧运营中的收款、拆单、打折、挂账、办理会员卡及充值、卡券核销、预订、台位管理、存取酒、电子酒单、电子发票、进销存、团购、微信商城、对账、报表统计等一系列酒吧运营管理操作内容。

2.智能场景服务模块

（1）预订服务环节，以"九点半酒吧管理系统"为例，此系统包括顾客微信预订，顾客电话预订，公关代客订位，台位管理，预订信息微信或短信通知、预留台位，预付订金，开台、转台、并台、锁台、清台预订报表统计，顾客信息留存分析等应对不同场景的任务。

（2）收银服务环节，包括移动 POS 机点收一体，下单即付款结账，退换货，拆合单，先后付款，清台，反结账，抵销预收，账单查询，交接报表，汇总报表，酒水点单，酒水赠送，办理会员卡、电子卡、实体卡、微信卡等，支持多种支付方式结账，简化点单收银，节省人力、物力等，更方便直接地服务顾客。

（3）存取酒服务环节，包括顾客通过微信扫码存酒、PC 存取、POS 存取、存酒成功提醒、临期提醒、过期提醒、取酒提醒等，简化存取流程，顾客信息留存分析等，有助于让顾客实时掌握酒水当前状态，远程申请酒水延期。

（4）电子发票服务环节，使用移动 POS 机结账后可直接生成电子发票二维码，顾客扫码领票。结账时，自动出现是否需要电子发票的二维码，有需求的顾客扫码填写发票信息，实时更新查看发票情况。

（5）会员管理环节，包括会员等级、积分管理、卡种类管理、储值设置、会员权益、积分商城、充值消费短信微信通知，会员可以实时查看余额及消费详情。

（6）报表管理环节，包括营业收入、提成统计、库存查询、业绩统计、毛利率查询、存取报表、预订报表、票券统计、营业区间各项数据统计等。酒吧经营者可以根据经营要求，随时调取各种数据统计。

（7）营销管理环节，包括票券管理、商品促销、抽奖营销、竞猜营销、广告推广、积分商城等各种营销活动，以公众号为基础，发展各项线上线下营销，扩展营销渠道。

（8）商品管理环节，包括商品入库、商品出库、领用出库、调拨出库、销售扣减、物料出库、库存查询、库存盘点、库存预警、成本统控、变更汇总、采购管理、供应商管理等模块，实现优化流程和规则，做好酒吧商品采购与库存管理。

3.顾客关系管理模块

（1）顾客大数据。

酒吧管理系统后台可以自动整合场景应用收集的顾客数据，智能创建顾客行为画像,对顾客进行多维度分析,为智能营销提供庞大的数据基础,让酒吧营销有的放矢、精准出击。

(2)留住老客户。

老客户即回头客,它对于任何一个企业都是宝贵的财富,业界有一句话"25%的回头客能创造企业75%的利润"。维系老客户、提高复购率是酒吧的一项重要工作。酒吧管理系统的智能营销平台,应基于多种营销场景,提供充值赠送、积分抵现、积分商城、消费满减、竞猜活动等多种营销方案,有针对性地向老客户进行营销,可有效提高老客户的回流比例。

(3)引来新客户。

酒吧管理系统的智能营销平台通过微信、游戏、抖音等新颖有趣的营销工具以及多种方案鼓励老客户介绍新客户,克服传统营销成本高、效率低、难以吸引新客户的缺点,可在一定程度上有效增加客流。

任务二 酒吧营销策划与管理

一、酒吧营销策划

酒吧市场营销包括选定酒吧目标市场,刺激或改变市场对酒吧产品、服务的需求,提高酒吧经营收益而做的一切工作。市场营销的过程包括市场调研与分析、制定销售计划、开发产品、制定价格、开展广告宣传、进行促销活动、销售(包括直接销售和间接销售)和对所有工作进行评估和衡量。

酒吧的市场营销内容包括了解顾客在餐饮、烹饪、娱乐、生活方式上的发展趋势以及其他可能影响顾客需求的因素,并根据顾客的这些需求开发出相应的产品和服务,再配以合适的定价策略和衡量工具。

酒吧和其他企业一样,维持现有的顾客要比去寻找新顾客的回报率高得多。酒吧要能够及时根据顾客需求对产品做出相应策略的调整。

(一)酒吧产品设计

相对于传统制造业来说,酒吧提供的是两种产品:一种是有形产品,即所销售的酒水;另一种则是服务,即向顾客提供酒水的方式。

从营销的角度来看,酒吧向顾客销售的不仅仅是酒水或提供酒水服务,而是给顾客带来的精神享受与满足感。对不同的目标市场和细分市场来说,酒吧产品带来的感知和获得的利益是不同的。酒吧经营者只有深入理解这一点才能更有效地进行酒吧产品的设计,推动酒吧发展,占领更大的目标市场。

任何商业活动都会受到资源的限制,而且资源并不是无限的,一个酒吧不可能吸引所有人。因此,酒吧一定要确定自己的主要目标市场,针对目标市场的需求进行产品和服务的针对性设计,利用有限的营销资金,开展营销活动,在满足目标市场需求的同时,力争进一步扩大市场份额,使酒吧的收益最大化。

(二)酒吧营销流程

酒吧进行目标市场营销可采取三个步骤,具体如图 11-2 所示。

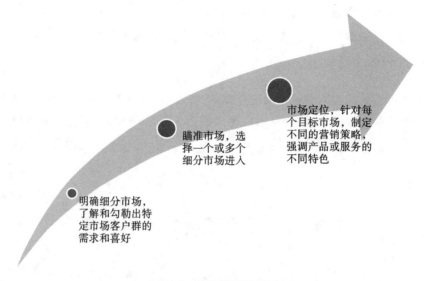

市场定位,针对每个目标市场,制定不同的营销策略,强调产品或服务的不同特色

瞄准市场,选择一个或多个细分市场进入

明确细分市场,了解和勾勒出特定市场客户群的需求和喜好

图 11-2　酒吧营销流程图

(三)新媒体营销

新媒体营销是以新媒体平台为传播和销售渠道,把相关产品的功能、价值等信息传递到目标群体,使其形成记忆,实现平台宣传、产品销售目的的促销活动。随着科学技术快速发展与居民生活方式改变,新媒体将会取代传统媒体成为企业宣传、市场投放的首选。酒吧的经营管理者要深刻意识到新媒体营销带来的巨大影响,充分利用新媒体平台,创新开展营销活动。如微信、微博、今日头条等平台,百度贴吧、豆瓣、虎扑等论坛社区,知乎、百度百科等问答平台,抖音、快手等直播视频平台等均是酒吧可以运用的新媒体营销渠道。

1.创造流量

创造流量的途径如图 11-3 所示。

2.流量转化

流量是潜在顾客,只有做好流量转化,才能将潜在顾客变成现实顾客。可通过活动进行流量变现。

(1)开店促销活动。

如果是新开的酒吧,可设计开业迎宾促销,比如,来酒吧消费的人赠送一杯酒水,通过价格让利,吸引更多消费者,为新酒吧提升知名度起到积极的促进作用。

(2)特惠活动。

根据平时的节庆活动,推出各种类型的充值优惠活动。比如只要关注公众号,充值加送,再免费赠送一杯酒水等,吸引顾客到店消费、充值等。

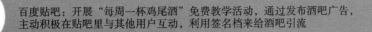

百度贴吧：开展"每周一杯鸡尾酒"免费教学活动，通过发布酒吧广告，主动积极在贴吧里与其他用户互动，利用签名档来给酒吧引流

公众号：给酒吧公众号的粉丝以福利的形式赠送酒吧代金券，同时不定期发布软文、策划活动、H5游戏营销等，以提高酒吧品牌知名度

同城网站：如58同城、百姓网等，通过网站出售酒吧代金券，主打公司福利，低价转让，扩大辐射面

微商推广：依托有影响力的微商，通过朋友圈，扩大传播面

图 11-3　流量创造途径

(四)营销环节

营销环节主要如图 11-4 所示。

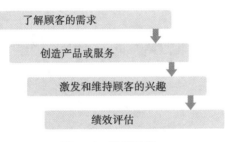

图 11-4　营销环节

(五)营销策略

酒吧营销策略如表 11-4 所示。

表 11-4　酒吧营销策略

序号	类型	内容
1	品牌营销	品牌＝理念＋产品＋营销
2	策划营销	①点子方法； ②创意方法； ③谋略方法
3	跨界营销	有实力、同档次、跨行业的企业作为合作伙伴
4	形象营销	①店名与店招形象； ②情调氛围形象； ③清洁卫生形象

(六)酒吧服务营销

服务营销是一种通过关注顾客,进而提供服务,最终实现盈利的营销手段。实施服务营销首先必须明确服务对象,即"谁是顾客"。对于酒吧来说,酒吧的顾客就是消费者,应该把消费者看作朋友,提供优质的服务。

1. 实施服务营销的意义

实施服务营销的意义如图 11-5 所示。

①打造竞争优势　　②增强顾客信任

实施服务营销的意义

③满足服务需求　　④开辟效益来源
促进效益提升　　　推动企业发展

图 11-5　实施服务营销的意义

2. 实施服务营销的路径选择

实施服务营销的路径如图 11-6 所示。

开展绿色服务

注重互动营销　　控制服务质量

营造服务特色

图 11-6　实施服务营销的路径

二、主题酒会策划与管理

要应对酒吧市场竞争日益激烈的现状,酒吧只有通过新颖的创意、组织各种营销活动或主题派对活动给顾客带来新鲜感,提高酒吧吸引力,提升酒吧的酒水销售量。

(一)酒吧酒会活动的主题选择

酒会活动的主题灵感既可以来自各种中外节日,也可以结合市场特点策划一些主题派对。常见的国外节日包括情人节、复活节、万圣节、感恩节、圣诞节等;中国传统的节日包括元旦、春节、"五一"、端午、七夕、中秋、"十一"等,周末也是酒吧可以利用的组织主题酒会活动的好时机。

除节假日外,酒吧还可以根据市场特点,组织一些独具特色的主题酒会活动,举例如下:

（1）歌手之夜。

酒吧可以邀请歌手或乐队来酒吧进行专题演出或演奏某类专题乐曲，同时，也可以邀请有专长、有表现欲的顾客共同参与。

（2）鸡尾酒之夜。

利用新鸡尾酒品种推广或特定鸡尾酒推广的机会，举办鸡尾酒之夜主题活动，邀请本区域著名的调酒师或国内外知名的调酒师登台表演，通过调酒技术的展示与表演，增加现场气氛，吸引顾客消费。

（3）舞蹈之夜。

街舞、劲舞、拉丁舞等舞蹈深受新潮人士、舞蹈爱好者的喜爱，酒吧可以举办舞蹈之夜主题活动，通过热烈激情的氛围，吸引新潮一族。

（4）假面之夜。

这个主题比较常见。每位入场的顾客都会戴上自己喜欢的面具，增添神秘感，而各种面具会让顾客有一种进入童话世界的感觉，缓解其紧张的身心。

（5）情侣之夜。

一份精美的水果拼盘、一支散发香味的蜡烛、两杯红葡萄酒或鸡尾酒、一支轻慢舒缓的钢琴曲，便可构成情侣之夜的全部。在营造一份安静氛围的同时，情侣之夜也让情侣们置身于城市的喧嚣之外，尽享浪漫，放松身心。

（二）酒吧主题酒会活动策划

1.酒吧主题酒会活动策划原则

（1）把握市场脉搏，选择有效的主题。酒吧主题活动的选择必须与目标消费者利益息息相关，有效激发目标消费者的兴趣。在活动主题的选择方面需要关注两个特点：一是要有亲和力。活动主题能够让目标消费者感觉距离很近、很愉悦；二是要有可信度，活动的产品、价格等要让消费者信任。

（2）搭车借势。要善于通过借势来提升酒吧的知名度，面对新机会要快速切入，不必过分考虑新市场的进入是否沿袭了其以往风格及会不会对其他产品产生消极影响等问题。

（3）以新概念吸引顾客。酒吧活动主题必须新颖和具有趣味性，要有时代感，顾客不会感到主题酒会活动不新颖、乏味；还要有一定的新闻价值。主题在一定程度上能够引起社会舆论、媒体的正面关注，愿意进行报道；此外，还要防止竞争对手的效仿，充分考虑到竞争对手会不会跟进、怎么跟进、怎么能够阻止跟进等。

2.酒吧主题酒会活动市场分析

（1）营销主题活动的使命、目的和目标分析。酒吧要对营销主题活动的使命、目的、目标等进行分析，要考虑活动对酒吧的影响程度，通过活动提升酒吧的知名度。

（2）市场分析。酒吧在确定主题活动前，先对酒吧的市场定位、主题定位进行分析，并进一步细分市场，有针对性地开展酒吧活动。

（3）需求分析。对酒吧消费群体进一步细化，分析酒吧目标消费者的消费需求，进而有效地开展主题活动。

3.酒吧主题酒会活动的策划

（1）策划方案。酒吧主题酒会活动策划方案包括策划背景、市场分析、活动整体思路、广告宣传策略、活动详细操作等。

（2）促销方法。采用线上与线下促销，广告促销、广而告之，进行传播，配合人员促销、酒吧营业推广，以求尽可能刺激目标消费者产生消费欲望和购买行为。

4. 主题酒会活动的主要服务程序

主题酒会活动主要服务流程包含：人员安排，酒水准备，酒吧布局设计，准备杯具、器皿，提前准备酒水，现场调制与补充酒水，整理台面，清点酒水用量，收吧工作九个步骤。（见表 11-5）

表 11-5　主题酒会的主要服务程序

工作要点	工作项目描述
1. 人员安排	确定酒会所需员工人数，并将分工落实到个人
2. 酒水准备	按预计参加酒会的人数、酒水的品种，准备足够的酒水数量（按每人 2—3 杯计算）。所有酒水在酒会前 2 小时运到场地并摆放好
3. 酒吧布局设计	注意美观和方便工作两个要点，酒吧要在酒会开始前 60 分钟布局完毕并检查酒水的品种数量
4. 准备杯具、器皿	按预计参加酒会的人数、酒水的品种，准备足够的杯具（按每人 2—3 只准备）。所有杯具、器皿在酒会前 1 小时运到场地并摆放好
5. 提前准备酒水	按预计参加酒会的人数、酒水的品种，在酒会前 15 分钟准备好酒水
6. 现场调制与补充酒水	在酒会中，要随时留意酒水、杯具的消耗，及时予以补充，以保证供应，同时，根据顾客需要现场调制酒水
7. 整理台面	酒会期间，随时做好酒水展示区与操作区的整理工作，保持台面美观
8. 清点酒水用量	在酒会结束时，确切点清所有酒水的实际用量，报酒吧领班
9. 收吧工作	调酒员清理酒水展示区与操作区，将剩下的酒水与未使用的杯具运回仓库。 将清洗后的杯具、器皿和调酒相关器具，放回酒吧指定位置

(三)酒吧主题活动组织实施

酒吧主题活动需要精心策划、周密组织。酒吧主题活动组织实施的内容包括酒吧活动主题、时间、规模等的确定，酒吧的内外部布置，酒吧活动主题内容安排，酒吧主题活动传播。

酒吧举办主题活动的主要目的：一是巩固老客户，二是吸引新客户。一般的促销活动对巩固老客户能起到一定作用，但对吸引新客户却显得苍白无力。究其原因是传播不到位。再好的促销活动，顾客不知道也就达不到活动目的。在考虑预算的前提下，一定要把传播做好，传播的好坏将直接决定活动效果的好坏。

酒吧主题活动的传播方式如图 11-7 所示。

设计主视觉

　　酒吧活动经常忽略这个细节，认为确定了主题就可以了，其实并不然。必须要设计一个图标，而且表现手法要符合视觉设计的要求。这样做的目的就是便于传播主题。设计好的图标，无论在广告片里还是在海报上,使用方法要严格统一，大小比例和颜色都要严格把关

均衡传播

　　主题促销活动一定要在线上和线下均衡传播。主要靠电视、报纸、杂志和网络等媒体，尤其是要通过各种新媒体进行传播，包括微信公众号、抖音及各种自媒体平台等，必要时可采用新闻等其他方式进行补充

不断刷新传播内容

　　促销活动毕竟不是打产品广告，因此一定要抓住活动脉搏，刷新传播内容。基于促销活动的短期性特点和节约费用原则，制作环节可以通过数码摄像机或动画形式来完成。但一定要保证质量。其余的报纸、杂志、终端等的传播，要根据活动节奏随时更新内容。但记住一点：没有特殊情况主题千万不能乱变。这样做的好处是可以提高与消费者的沟通效率，让活动更加有声有色，且将主题顺利地送达消费者的脑海中

图 11-7 酒吧主题活动的传播方式

 教学互动

　　(1)角色扮演,模拟顾客进入酒吧,模拟服务人员为顾客推销酒水。
　　(2)教师对其进行点评。

 项目小结

　　本项目知识主要介绍酒吧运营管理。学生重点掌握酒水销售的技巧、酒吧营销策略,能熟练制订酒水销售计划,运用各种传统营销方式和新媒体宣传和策划各种活动及组织各种主题酒会。

项目训练

一、知识训练

1.简述酒水销售计划的制订流程。

2.简述酒水销售渠道和销售技巧。

3.简述酒吧经营管理系统的操作。

4.简述酒吧营销策略与实施。

5.简述主题酒会的策划流程。

二、能力训练

酒水销售技巧练习:服务人员从酒水产品特点结合顾客情况,采用良好的服务,主动开展酒水服务推销和演示推销。

(1)分组练习。2人为一小组,分别扮演服务员与顾客的角色,根据顾客特点主动服务,使用简洁、优美的语言,从价格高的有名饮品开始推销。服务推销应推销酒吧的特色饮品或创新饮品,直接接触顾客,直接展示饮品和推销。

(2)学生自评与互评。其他同学对每个人的表现进行组内分析讨论、组间对比互评,加深对酒水服务推销和演示推销要求的理解与掌握。

(3)教师考评。教师对各小组的推销语言、服务态度、酒水知识掌握程度、酒水演示推销过程进行讲评。然后把个人评价、小组评价、教师评价简要填入以下评价表中。

被考评人					
考评地点					
考评内容					
考评标准	内容	分值	自我评价/分	小组评价/分	教师评价/分
	熟知考核推销的酒水饮品特点	10			
	熟悉掌握酒水服务营销的语言和规范	40			
	熟记酒水饮品推销前的准备工作、服务推销的步骤和注意事项	20			
	演示推销的方法和流程	10			
	操作姿势优美度	10			
	与顾客互动效果	10			
合计		100			

项目十二
经营新格局——酒吧经营管理

 项目描述

　　本项目围绕酒吧经营管理中涉及的酒吧运营管理、酒吧成本管理、酒吧收益管理和酒吧质量管理等方面的内容进行阐述,旨在让学生通过学习,掌握酒吧经营管理的基本方法和要求。

 项目目标

知识目标
1.总结酒吧销售方式和操作管理的内容。
2.归纳酒吧经营成本收益分析、保本销售分析的具体操作流程。
3.应用酒吧质量管理的内容和方法。

能力目标
1.具备酒水销售控制和管理的能力。
2.掌握酒吧成本和收益计算的方法。
3.具备进行酒吧质量控制的能力。

思政目标
1.养成独立思考、独立分析问题的习惯,学会寻找解决问题的方法。
2.树立成本和质量意识,培养良好的经营管理意识。

知识导图

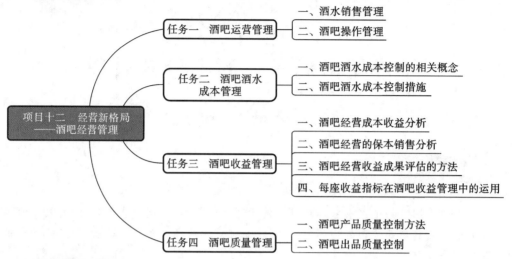

项目十二 经营新格局——酒吧经营管理	任务一 酒吧运营管理	一、酒水销售管理 二、酒吧操作管理
	任务二 酒吧酒水成本管理	一、酒吧酒水成本控制的相关概念 二、酒吧酒水成本控制措施
	任务三 酒吧收益管理	一、酒吧经营成本收益分析 二、酒吧经营的保本销售分析 三、酒吧经营收益成果评估的方法 四、每座收益指标在酒吧收益管理中的运用
	任务四 酒吧质量管理	一、酒吧产品质量控制方法 二、酒吧出品质量控制

学习重点

1. 酒水销售方式与控制。
2. 酒水成本控制内容与方法。
3. 酒吧收益管理的内容。
4. 酒吧质量控制内容与方法。

学习难点

1. 酒水成本控制的方法。
2. 酒吧收益管理的方法。

项目导入

中国大酒店的安乐吧是一个20世纪80年代建设的、位于酒店内部的独立式英式酒吧。它面积不大，以吧台为中心的设计，只有十几张吧凳，可供顾客就座的桌凳也寥寥无几，但安乐吧的营业额达到了日均2万多元，最高时甚至达5万元。酒吧常常高朋满座，顾客有座位就坐着，没有座位就站着，挤也要挤在酒吧内消磨时间。究其原因，主要是因为安乐吧的气氛很好，加上调酒师有高超的调酒技术，抛瓶、摇酒，举手投足潇洒而不花哨，吸引着顾客的目光。调酒师流利的英文令他们与外籍顾客之间的沟通毫无障碍，加上平时的知识积累，令他们有丰富的话题跟顾客交流，顾客很愿意接受他们并和他们成为朋友。同时，安乐吧的酒水出品与质量广受好评，所以安乐吧拥有充足的客源，每天顾客源源不断。

Note

　　★剖析：一个酒吧要经营得好，要在开业之前精准地做好市场调研，对顾客的消费习惯和喜好进行研判，同时，酒吧的日常运营管理、成本控制与分析、酒品饮料的设计、质量的保障等，都是酒吧成功的重要因素。

任务一　酒吧运营管理

一、酒水销售管理

　　酒水的销售管理在酒吧管理中有着重要的地位。酒水的销售管理不同于菜肴食品的销售管理，而有其特殊性，因此，加强酒水的销售管理与控制，对有效地控制酒水成本，提高酒吧经济效益有着十分重要的意义。

　　在酒吧经营过程中，常见的酒水销售形式有三种，即零杯销售、整瓶销售和混合销售。这三种销售形式各有特点，管理和控制的方法也各不相同。

(一)零杯销售

　　零杯销售是酒吧经营中常见的一种销售形式，销售量较大，它主要用于一些烈性酒如白兰地、威士忌等的销售，葡萄酒也会采用零杯销售的方式销售。销售时机一般在餐前或餐后。零杯销售的控制，首先必须计算每瓶酒的销售份额，然后统计出每一段时期的总销售数，采用还原控制法进行酒水的成本控制。

　　由于各酒吧采用的标准计量不同，各种酒的容量不同，在计算酒水销售份额时，首先必须确定酒水销售标准计量。目前，酒吧常用的计量有每份 30 毫升、45 毫升和 60 毫升三种，同一酒店的酒吧在确定标准计量时必须统一。标准计量确定以后，便可以计算出每瓶酒的销售份额。以人头马为例，每瓶的容量为 700 毫升，每份计量设定为 1 盎司（约 30 毫升），计算方法如下：

$$销售份额 = \frac{每瓶酒容量 - 溢损量}{每份计量} = \frac{700 - 30}{30} = 22.3（份）$$

　　计算公式中溢损量是指酒水存放过程中自然蒸发损耗和服务过程中的滴漏损耗，根据国际惯例，这部分损耗控制在每瓶酒 1 盎司左右。根据计算结果可以得出每瓶人头马可销售约为 22 份，核算时可以分别算出每份或每瓶酒的理论成本，并将之与实际成本进行比较，从而发现问题并及时纠正销售过程中的差错。

　　零杯销售关键在于日常控制，日常控制一般通过酒吧酒水盘存表（见表 12-1）来完成，每个班次的当班调酒员必须按表中的要求对照酒水的实际盘存情况进行认真填写。

表 12-1　酒吧酒水盘存表

酒吧＿＿＿＿＿＿＿＿＿＿＿　　　　　　　　　　　　日期＿＿＿＿＿＿＿＿＿＿＿

编号	品名	早班					晚班						备注
		基数	调进	调出	售出	实际盘存	基数	领进	调进	调出	售出	实际盘存	

制表＿＿＿＿＿＿＿＿＿＿＿

　　盘存表的填写方法是,调酒员每天上班时按照表中品名逐项盘存,填写存货基数,营业结束前统计当班销售情况,填写售出数,再检查有无内部调拨,若有则填上相应的数字,最后,用"基数＋调进数＋领进数－调出数－售出数＝实际盘存数"的公式算出实际盘存数填入表中,并将此数据与酒吧存货数进行核对,以确保账物相符。酒吧管理人员应经常不定期检查盘点表中的数量是否与实际储存量相符,如有出入应及时检查,及时纠正,堵塞漏洞,减少损失。

(二)整瓶销售

　　整瓶销售是指酒水以瓶为单位对外销售,这种销售形式在一些大酒店或营业状况比较好的酒吧较为多见。有的酒吧为了鼓励顾客消费,通常采用低于零杯销售10%－20%的价格对外销售整瓶酒水,从而达到提高经济效益的目的。为了减少酒水销售的损失,整瓶销售可以通过整瓶酒水销售日报表(见表12-2)来进行严格控制,即每天将按整瓶销售的酒水品种和数量填入日报表中,由主管签字后附上订单,一联交财务部,一联酒吧留存。

表 12-2　整瓶酒水销售日报表

酒吧＿＿＿＿＿＿＿＿＿＿　　　　　班次＿＿＿＿＿＿＿＿　　　　　　日期＿＿＿＿＿＿＿

编号	品种	规格	数量	售价		成本		备注
				单价	金额	单价	金额	

调酒员＿＿＿＿＿＿＿＿＿＿　　　　　　　　　　　　主管＿＿＿＿＿＿＿＿＿＿

（三）混合销售

混合销售通常又称为配制销售，主要指鸡尾酒和混合饮料的销售。鸡尾酒和混合饮料在酒水销售中所占比例较大，有效的手段是建立标准配方。标准配方的内容一般包括酒名、各种调酒材料及用量、成本、载杯和装饰物等。建立标准配方的目的是使每一种混合饮料都有统一的质量，同时确定各种调配材料的标准用量，以利于加强成本核算。酒吧管理人员可以依据鸡尾酒的配方采用还原控制法实施酒水的控制，其控制方法是先根据鸡尾酒的配方计算出某一酒品在某段时期的使用数量，然后再按标准计量还原成整瓶数。计算公式如下：

$$酒水消耗量＝配方中该酒水用量×实际销售量$$

以干马天尼为例，其配方是金酒 2 盎司，干味美思 1/3 盎司，假设某一时期共销售干马天尼 150 份，那么根据配方可算出金酒的实际用量：

$$2×150＝300（盎司）$$

每瓶金酒的标准份额为 25 盎司，则实际耗用整瓶金酒数：

$$300÷25＝12（瓶）$$

因此，混合销售完全可以将调制的酒水分解还原成各种酒水的整瓶耗用量来核算成本。在日常管理中，混合销售可以采用鸡尾酒销售日报表（见表 12-3）进行控制，每天将销售的鸡尾酒或混合饮料登记在日报表中，并将使用的各类酒品数量按照还原法记录在酒吧酒水盘点表上，管理人员将两表中酒品的用量相核对，并与实际储存数进行比较，检查是否有差错。

表 12-3　鸡尾酒销售日报表

酒吧＿＿＿＿＿＿＿＿＿　　　　班次＿＿＿＿＿　　　　　　　　日期＿＿＿＿＿

品种	数量	单位	金额	备注

调酒员＿＿＿＿＿＿＿＿＿　　　　　　　　　　主管＿＿＿＿＿＿＿＿＿

鸡尾酒销售日报表也应一式两份，由当班调酒员和主管签字后，一份送财务部，一份酒吧留存。现在通过使用线上销售系统，可实时记录各类酒水的销售情况，提高了工作效率。

二、酒吧操作管理

（一）酒吧操作标准化

酒吧操作管理通过标准控制制作过程中原料的使用，从而达到节省原料增加利润的目的。目前酒吧采用的标准化方法包括标准饮料单、标准价格、标准配方及用量、标准牌号、标准载杯、标准操作程序等。酒吧操作标准化方法如图 12-1 所示。

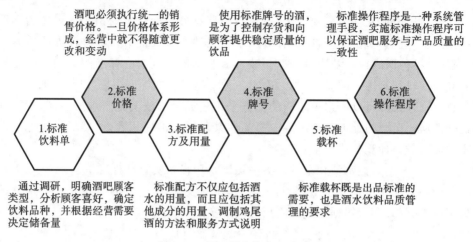

图 12-1　酒吧操作标准化方法

(二)酒吧酒水服务程序化

酒吧服务需要严格的操作程序与标准,它是酒吧对客服务的基本要求,也是酒吧服务质量管理的重要内容。(见图 12-2)

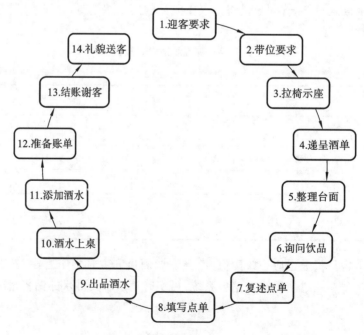

图 12-2　酒吧酒水服务程序化

任务二　酒吧酒水成本管理

一、酒吧酒水成本控制的相关概念

酒水成本控制是酒吧经营的主要成本,包括各种酒精饮料、非酒精饮料以及酒水调配过程中所消耗的各种调料与辅料的成本。

酒吧应当每日进行酒水材料的清点和核算。首先对酒吧每日入库的酒水及其他的原料进行统计,其次统计出当日酒水销售情况及库存酒水数量,最后根据各种统计数据计算出当日酒吧的实际成本、成本率、毛利率、毛利额等。这样,酒吧每天可以将实际成本与预计的标准成本进行比较,以达到成本控制的目的。(见图 12-3)

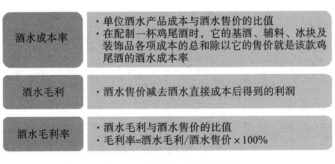

图 12-3　酒水成本相关概念

二、酒吧酒水成本控制措施

1.酒水采购的控制

酒水采购的控制指酒吧为获得最佳的经营效果,在保证酒吧有充足的、符合要求的酒水原料经营的前提下,控制酒水的购买数量、规格及其价格。

1)配备优秀的采购员

一名优秀的酒水采购员可为酒吧节约 2%—3% 的酒水成本,酒水采购员应具备的素质有:

(1)熟悉酒水的品种、商标、产地、级别、年限、生产工艺、特点及其存放时间;

(2)熟悉酒水市场、酒水销售渠道和酒水价格;

(3)了解本行业的特点,了解酒吧经营的风格;

(4)遵守职业道德,忠诚可信。

通常采购员是由财务部的员工担任,但酒水采购会涉及比较多的专业酒水知识,因此可以安排酒吧经验丰富的员工与采购部的员工共同完成采购任务。

2）控制酒水采购的质量

酒吧经营中的酒水质量和成本控制，都离不开酒水采购的质量控制。因此，控制酒水采购质量需要确定酒水采购规格，包括酒水的品种、商标、产地、等级、外观、气味、酒精度、酒水原料、制作工艺、价格等。只有合理确定酒水采购规格，并严格按照酒水采购规格进行采购，才能确保采购物品的高质量。

3）控制酒水采购的时间和数量

酒水的采购时间和数量应当根据酒吧销售的具体需要来确定。许多酒吧在日常经营中制定了酒水订货点采购法，以保证酒水原料的销售和控制酒水采购的时间和数量。酒水订货点采购是当电脑酒水储存系统提示酒水的库存数量达到酒吧规定的最低储存量标准时，采购员采取的采购行为。这种采购方法可以有效地控制酒水的采购时间和数量，有效控制酒吧的酒水成本。

4）控制酒水的采购程序

酒水采购程序是酒吧成本控制的重要内容。需要严格按照酒水采购程序进行，实行三方报价制度，并每半年重新报价一次。

5）控制酒水的采购价格

为了有效地控制酒水成本，采购部门通常至少要取得三家供应商报价，通过与供应商的谈判，最后选择性价比最高的供应商。连锁集团还可以通过区域化集中采购，降低采购成本。

2. 酒水验收的控制

酒水验收的控制是指酒吧主管与酒水仓库管理员等工作人员对采购酒水的品名、数量、规格及价格的控制和管理。验收控制可以有效地防止供应商以超过订购数量发送酒水，或以高于订购单的品种规格发送酒水，这两种情况都会导致酒吧成本上扬甚至失控。

1）配备优秀的验收员

验收酒水的第一个关键点是配备验收员。一名优秀的验收员应当熟悉酒水知识，了解酒水采购规格，熟悉财务制度，并且认真地按照酒吧规定的验收程序，以及酒水规格、数量和价格进行验收。通常，酒水验收员不应当由采购员、调酒师或酒吧经理兼任，而应当由酒水仓库管理员兼任，较大型酒吧可以设专职验收员。

2）制定严格的验收程序和验收标准

验收酒水的第二个关键点是制定严格的验收程序和验收标准。验收员在验收酒水时应检查发货票上酒水名称、数量、产地、级别、年份、价格是否与订购单上的一致。与此同时，验收员还要检查供应商实际送来的酒水名称、数量、产地、级别、年份是否与发货票上的相同，即酒水验收控制中的"三相同"——发票、订购单与实物相同。酒水验收员在每次酒水验收后，都要填写收货单，并且在酒水发货票后盖上验收合格章，财务人员根据验收合格的发货票付给供应商货款。

3. 酒水储存的控制

酒水储存的控制是酒吧成本控制的重要内容之一。酒水储存的控制包括科学合理地储存各种酒水，防止酒水变质或丢失，从而控制酒吧的成本。做好存货控制，定期实地盘存，并将结果与库存管理的系统记录进行比较，及时发现差异。如果两者存在差异,应立即调查原因。

4. 酒水发放控制

经过验收,进入仓库的酒水应全部登记入册,其采购金额也随之成为酒水库存金额,因此酒水的发放控制是酒水成本控制的又一个关键点。酒吧为了合理地使用各种酒水,避免酒水的丢失和浪费,应制定酒水发放程序和标准,并严格地执行此程序和标准。通常,酒水发放制度规定,酒水仓库管理员发放任何酒水时必须凭领用申请单,而且还规定必须由酒吧领班或主管及以上负责人签字后才能领取。

5. 劳动力的成本控制

酒吧管理人员日常工作的内容就是对酒吧经营的各项活动实施控制。劳动力成本控制的目的是在确保酒吧服务质量的前提下,有效地节约资源,提高劳动力的工作效率。该目的要求酒店经营管理者应准确分析和预测酒吧营业额的情况,在此基础上科学地制定酒吧各个工作岗位的劳动定额和服务标准,从而最大限度并合理有效地配置劳动资源。

1) 影响劳动力成本的因素

影响劳动力成本的因素如图 12-4 所示。

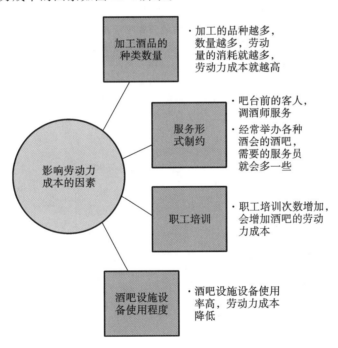

图 12-4　影响劳动力成本的因素

2) 劳动力的操作标准

酒吧管理人员在组织员工培训的时候应该明确告知酒吧的各项操作标准,要求酒吧员工必须按标准规定完成酒吧各项工作任务。

3) 营业预测

酒吧营业额预测准确程度,直接决定着劳动力雇佣的数量,因此,酒吧管理人员应该在不同时期对营业额进行预测。根据不同的预测数,酒吧管理人员就可对照配备标准决定酒吧每月、每周、每天所应配备的具体的员工人数,并据此做好员工工作时间的安排。

　　4)控制劳动力成本

　　酒吧管理人员必须审核每个月的人工成本,并对照当月的营业收益,以便发现每个月单位收益人工成本的差异,并分析原因、总结经验,以便后期做好人员安排。

任务三　酒吧收益管理

一、酒吧经营成本收益分析

　　对于经营中的酒吧可根据过去一段时间内酒吧的实际收入和开支情况来进行成本收益分析。对于新开业的酒吧可用预算收益表来进行成本收益分析。预算收益表反映的是对未来某一时期财务状况的预测,包括一定时期内的收入、支出、利润或亏损,如表12-4 所示。

表 12-4　某酒吧预算收益表

项目	金额/元	占比/(%)
饮料、食品、水果拼盘	2190000	91.25
其他娱乐项目	210000	8.75
销售收入总计	2400000	100
销售成本	840000	35
毛利	1560000	65
费用		
薪金	240000	10
薪资税及员工福利	72000	3
员工餐费	72000	3
瓷器、玻璃器皿、银器、餐巾、吸管、牙签费用	36000	1.5
制服费用	36000	1.5
清洁器具费用	31200	1.3
客用餐巾纸	14400	0.6
水、电、气能源费用	72000	3
音乐、娱乐、表演费用	120000	5
酒单制作费用	12000	0.5
执照费	2400	0.1
垃圾处理费	2400	0.1
鲜花及装饰费用	14400	0.6

续表

项目	金额/元	占比/(％)
行政和一般开支	84000	3.5
广告推销费	47800	2
维修与保养费用	38400	1.6
税金	144000	6
保险费	57600	2.4
利息	19400	0.8
折旧	72000	3
附属经营支出	48000	2
其他	120000	5
费用总额	1356000	56.5
利润	204000	8.5

预算收益表中的成本可用多种方法计算。

其一,把它看成占销售收入的一定比例。例如,饮料成本应该占饮品销售收入的一定比例,在表 12-4 中为 35％,这个数据应该在分析其他同类型企业的销售收入和成本的基础上确定下来。

其二,为了使数据更精确,可以先计算出酒单项目的饮料成本,以决定总成本,再逐个除以预测销售收入,便可得出饮料成本率。

销售价格取决于顾客所能承受的支付能力,以及企业营业量大小和装修的豪华程度等因素。相对而言,豪华酒吧的实际成本一般较低,因为顾客要为装饰付费;而较低档次酒吧的实际成本一般较高。

然而,酒吧的某些费用不能以占销售收入总额一定比例的方法来计算。例如,要计算广告和推销费用时,必须先决定采取何种广告和推销方式,然后再计算所需费用。如果准备利用报纸做广告,那么测定广告费用就很简单。如果想要得到一个百分比数值,只要将该项目费用除以销售收入总额即可。

(1)劳动力费用可通过测定提供服务所需的工作人员的数量来进行预测。若经营者测定一名服务员能够接待 30 位顾客,那么将预测顾客数除以 30 就可以得出所需的服务员人数,这些人的工资和福利费用就可以测算出来。把服务员的费用和其他人员的费用相加,就可得到劳动力费用总额。用该费用除以预测的销售收入总额,就可以得到劳动力费用率。劳动力费用率是随着营业收入的变化而变化的,其中那些无论营业好坏都不可缺少的雇员叫作固定费用雇员,而一般的服务员及勤杂工等可以根据营业量随时增加或减少,因此称为可变费用雇员。

(2)工资税、职工保险费及补贴费等,在费用总额中占有一定比例,但预测较为容易。其他福利费用的预测也不困难。在计算员工用餐费时,有些企业按占企业食品成本总额一定比例进行预测,一般可以按 3％—10％ 计算,也有企业先预算出每顿工作餐的平均费用,然后乘以预测的供应餐的数量,就可得出员工用餐费用总额。

（3）酒吧在瓷器、玻璃器皿、银器及台布、餐巾上的费用因设施的等级规格不同而各异，各家酒吧的玻璃器皿的质量也常常大有差异。

预测这类费用通常可以参考同类企业的标准。但为了预测更为精确，不妨先确定各类器皿的需要量，然后乘以该类器皿或物品的单价，就可以得到该类器皿或物品的费用，再将各类费用相加即可得到费用总额。

（4）制服费用、洗衣费用、清洁用品和餐巾纸费用等的预测通常可根据占销售收入总额的标准比率进行预测，但如果酒吧制定了对员工制服的管理规定，那么该项费用的计算就会更为精确。一般来说，企业为员工提供制服应考虑每名员工需要多少套制服，制服的成本，多长时间洗一次，所需的成本、费用总额。

（5）水、电、气能源费用在很大程度上取决于酒吧的地理位置。寒冷地区供暖能源消耗会更多；炎热地带制冷能源消耗会更多。但只要了解建筑物的结构和特点，专业人员就能对相关的成本费用做出精确的估计。

（6）关于音乐和娱乐服务费用，经营者应先确定这些服务的总需求量。如果每周需邀请一个小型乐队演奏 5 个晚上，那么所需费用计算起来较为容易。在这方面，百分比通常不起什么作用，因为音乐和娱乐服务的费用会因时而异、因质而异。

（7）酒单制作商可提供酒单的设计制作价格，因此，只要估计出酒单的印制数及其更换频率，就能对这项费用做出精确的预测。

（8）垃圾处理费用在各地相差颇大，某些城市提供垃圾清运服务，但必须缴纳地方税款；有些地区会收取固定费用；也有些地区会根据垃圾筒的数量及垃圾量来确定费用。

（9）花卉盆景和装饰费用变化很大，所以首先应确定酒吧要装饰到何种程度，相应价格可以从花店或花圃中咨询到。

另外，办公室职员的开支及办公费用是比较容易估计的。法律咨询、保险等费用可由提供服务的机构报价；修理和保养费用应根据建筑状况而定，承担建筑的单位或工程顾问都能够帮助进行预测。

如上所述，预测各项成本费用通常有两种方法：

一是以预期销售收入乘以各项成本百分比，得出相应的金额。

二是对每项成本费用金额做具体预测。采用这种方法通常需要外界有关部门的帮助。同时，即使每项成本费用都分别进行预测，也应计算它们各自占预测销售收入总额的比例，并与行业标准进行比较，看看是否符合一般水平。在进行比较时，无须拘泥于行业标准，因为个体的特殊性会使数据有所不同，有时甚至相差悬殊。

二、酒吧经营的保本销售分析

酒吧合理的经营，需要经营者明确一个基本的使其收入与支出相抵的销售额，即需要进行销售的保本点分析。

对正在营业的酒吧，可根据其历史资料进行分析，以便对其未来的经营工作做出规划。当没有历史资料时，也可根据经营人员的估计及同类企业的资料进行分析。

假定其投资者计划利用已有的建筑物改建一个有 50 个座位的酒吧，经营人员对所需的投资及经营费用做出估计，可以测算出酒吧的保本销售额、投资收益率、酒吧的年营业收入等。具体可用本量利综合计算法进行计算(见表 12-5)。

表 12-5　本量利综合计算法示例

项目	金额/元
投资总额	100000
预计年固定成本	
折旧费	10000
人工成本(固定部分)	4800
保险费	200
广告费	1200
能源费(固定部分)	3400
其他	400
合计	20000
预计变动成本占营业收入百分比/(%)	
饮料、食品成本	35
人工成本(变动部分)	15
其他	5
合计	55

若要求达到的年投资收益率为 16%(1600 元),那么

$$保本销售额=\frac{固定成本总额}{1-变动成本在营业收入中所占百分比}$$

$$=\frac{20000}{1-55\%}$$

$$\approx44444.44(元)$$

即年销售额为 44444.44 元时,酒吧收支相抵,利润为零。

$$达到期望收益的销售额=\frac{固定成本总额+投资期望收益}{1-变动成本在营业收入中所占百分比}$$

$$=\frac{20000+16000}{1-55\%}$$

$$=80000(元)$$

如果酒吧经营者对各种成本的估计是相对准确的,那么只要判断一下这家酒吧能否实现 80000 元以上的年销售额。如果能实现,则改建这家酒吧就是可以盈利的。

在上述计算中,有两个问题需要说明:

第一,"1-变动成本在营业收入中所占百分比"称为"边际贡献率"。边际贡献是营业收入扣除变动成本之后的剩余部分,这个部分是对抵补固定成本和盈利所做出的贡献。为了说明这一点,先假设某酒吧的固定成本为每月 14850 元,变动成本在营业收入中占比为 45%,在 6 月只有一位顾客来酒吧消费,该顾客消费 18 元。这样该酒吧的损益表应如表 12-6 所示。

表 12-6　损益表

项目	总额/元	每单位金额/元
营业收入(1 位顾客)	18	18
减:变动成本	8.1	8.1
边际贡献	9.9	9.9
减:固定成本	14850	—
亏损	14840.1	—

如果在 6 月,来酒吧消费的人数增加 1 人,边际贡献就增加 9.9 元。如果有 1500 位顾客来消费,那么,该酒吧的边际贡献就可达到 14850 元,刚够抵补固定成本。这时,酒吧既不盈利也不亏损。换句话说,这个酒吧达到了保本点(也称作损益分界点)(见表 12-7)。

表 12-7　保本点表(1)

项目	总额/元	单位金额/元
营业收入(1500 位顾客)	27000	18
减:变动成本	12150	8.1
边际贡献	14850	—
减:固定成本	14850	9.9
利润	0	—

由此可见,保本点是使营业收入总额与成本总额相等的销售量,或使边际贡献总额与固定成本总额相等的销售量。

达到保本点之后,销售每增加 1 个单位,企业的利润就增加相当于 1 个单位边际贡献的金额。在表 12-7 中,如果有 1501 位顾客来消费,则这个酒吧在 6 月的利润就应该是 9.9 元(见表 12-8)。

表 12-8　保本点表(2)

项目	总额/元	每单位金额/元
营业收入(1501 位顾客)	27018	18
减:变动成本	12158.1	8.1
边际贡献	14859.9	9.9
减:固定成本	14850	—
利润	9.9	—

因此,在确定不同的业务活动量时,要知道企业的利润数,经营管理人员不必编制一系列损益表;在确定某一业务量时,经营管理人员只需用单位边际贡献的金额乘超出保本点的销售单位数就可计算出酒吧的利润。如果酒吧计划增加销售量,经营管理人员希望了解销售量的增加对利润会有些什么影响,他们只需用单位边际贡献的金额乘增加销售的单位收入便可得到。假设预计前来酒吧消费的顾客数量为每月 1800 人,而在酒吧实际每月接待 2000 位顾客时,酒吧的利润是增加的,即

$$(2000-1800)\times9.9=1980(元)$$

可用如表 12-9 所示的收益比较表来证明计算的正确性。

表 12-9　收益比较表

销售量/人	营业收入	减:变动成本	边际贡献	减:固定成本	利润
1800	32400	14580	17820	14850	2970
2000	36000	16200	19800	14850	4950
每个单位金额/元	18	8.1	9.9	—	—
差额为 200 人	3600	1620	1980	—	1980

营业收入、变动成本和边际贡献可按单位来计算,也可用百分比来表示(见表 12-10)。

表 12-10　损益的百分比计算表

项目	总额	每单位金额/元	百分比/(%)
营业收入(3000 名顾客)	54000	18	100
减:变动成本	24300	8.1	45
边际贡献	29700	9.9	55
减:固定成本	14850	—	—
利润	14850	—	—

表 12-10 中,酒吧的边际贡献率为 55%,也就是说,这个酒吧的营业收入每增加 1元,边际贡献总额将增加 0.55 元。如果固定成本不变,该酒吧的利润也将增加 0.55元。因此,用边际贡献率乘营业收入变化金额,可计算出营业收入总额的变化对利润的影响。如果酒吧计划增加月营业收入 3000 元,该酒吧的经营管理人员可以预期边际贡献将增 3000×55%＝1650(元);如果固定成本不变,该酒吧的月利润也将增加 1650元。(见表 12-11)

表 12-11　预计利润的增加计算表　　　　　　单位:元

项目	计划营业量	实际营业量	增加金额	百分比/(%)
营业收入	54000	57000	3000	100%
减:变动成本	24300	25650	1350	45%
边际贡献	29700	31350	1650	55%
减:固定成本	14850	14850	0	—
利润	14850	16500	1650	—

用边际贡献率计算要比用单位边际贡献数方便。由于边际贡献率是一个百分比,因此,经营管理人员用它来比较企业各个部门获取利润的能力也就比较方便了。

在保本销售公式中,固定成本总额及变动成本在营业收入中所占百分比是保本销售的两个重要因素。一个企业的固定成本高好还是变动成本高好,换句话说,哪一种成本结构比较好?这无法做出绝对肯定的回答。我们只能指出,在特定的条件下,两种不同的成本结构各有利弊。假定有甲、乙两个酒吧,它们的营业收入和利润相同,但成本结构不同,这对获取利润会产生不同的影响。表 12-12 中的成本数据可清晰列出这两个酒吧成本结构的区别。

表 12-12　甲、乙两酒吧成本结构比较表

项目	甲酒吧		乙酒吧	
	金额/元	百分比/(%)	金额/元	百分比/(%)
营业收入	1000000	100	1000000	100
减:变动成本	500000	50	600000	60
边际贡献	500000	50	400000	40
减:固定成本	300000	30	200000	20
利润	200000	20	200000	20

如表 12-12 所示的数据,要确定哪种成本结构比较好,应该考虑诸多因素。例如,长期销售趋势、营业季节性波动、经营管理人员的经营思想等。如果今后的趋势是来消费的顾客数量增加,甲、乙两家酒吧在固定成本不变的情况下,年营业收入都可增加 10%,那么,甲、乙两个酒吧的利润会有什么变化呢?答案是甲、乙两个酒吧的利润不会增加相同的数额。甲酒吧变动成本占营业收入的 50%,即营业收入每增加 1 元,其变动成本和利润各增加 0.5 元;而乙酒吧的变动成本占营业收入的 60%,营业收入每增加 1 元,其利润只增加 0.4 元。在营业收入各增加 10% 的情况下,甲、乙两个酒吧的新损益表如表 12-13 所示。

表 12-13　甲、乙酒吧新损益表(1)

项目	甲酒吧		乙酒吧	
	金额/元	百分比/(%)	金额/元	百分比/(%)
营业收入	1100000	100	1100000	100
减:变动成本	550000	50	660000	60
边际贡献	550000	50	440000	40
减:固定成本	300000	27.3	200000	18.2
利润	250000	22.7	240000	21.8

根据表 12-13 可见,甲酒吧的利润增加了 50000 元,而乙酒吧的利润却只增加了 40000 元。在这种情况下,甲酒吧的成本结构显然要比乙酒吧好。也就是说,在营业量增加时,边际贡献率高的企业的利润增加较多,其成本结构就较好。但是,当甲、乙两个酒吧的收入都减少 10% 时,假定固定成本不变,此时,乙酒吧的利润就比甲酒吧高(见表 12-14)。

表 12-14　甲、乙酒吧新损益表（2）

项目	甲酒吧		乙酒吧	
	金额/元	百分比/（%）	金额/元	百分比/（%）
营业收入	900000	100	900000	100
减：变动成本	450000	50	540000	60
边际贡献	450000	50	360000	40
减：固定成本	300000	33.3	200000	22.2
利润	150000	16.7	160000	17.8

如果销售量继续下降，则甲酒吧将比乙酒吧更早发生财务困难。

表 12-15 所示，甲酒吧的保本点是当营业收入为 600000 元时达到的，而乙酒吧的保本点则是在营业收入为 500000 元时才会达到。

表 12-15　甲、乙酒吧的保本点表

项目	甲酒吧		乙酒吧	
	金额/元	百分比/（%）	金额/元	百分比/（%）
营业收入	600000	100	500000	100
减：变动成本	300000	50	300000	60
边际贡献	300000	50	200000	40
减：固定成本	300000	50	200000	40
利润	0	0	0	0

三、酒吧经营收益成果评估的方法

酒吧利润指标是反映酒吧经营成果的一项综合指标。酒吧的利润水平与酒吧的经营管理水平、降低成本的成效有着直接的联系。由于酒吧利润总额中营业利润是主要组成部分，而营业利润中产品销售利润又是主要组成部分，因此，产品销售利润是构成酒吧利润总额的基本部分。

（一）酒吧经营收益性评估

收益性评估可用于分析酒吧的收益能力。酒吧的收益能力强，经济效益就好；反之，收益能力弱，经营处于维持局面，酒吧就难以发展。因此，收益性评估可以说是关系酒吧命运的大问题。收益性评估的主要方法是计算销售利润率和资金利润率。

1. 销售利润率

销售利润率是产品纯销售额与利润净额的比率，其计算公式如下：

销售利润率＝本期利润净额/本期商品纯销售额×100%

以上结果表示酒吧销售100元能获得多少净利润。酒吧销售后才能获得毛利，用毛利支付一切费用、税金和营业外净支出等，才是利润净额。

酒吧利润率一般很高，为60％—75％，因此，评估利润率，要分析经营收支过程，研究影响利润率增减变化的因素，通过与计划对比，分析脱离计划的差异和原因。通过与上年同期或几个年度同期数据的对比，可以观察其发展趋势并预测未来。分析原因要从内因与外因两个方面分析，以便从主观和客观两个方面检查，提出改进建议。

2.资金利润率

资金利润率反映资金与利润的关系，是考核投资效果的指标，也是考核投资收益性的指标。资金利润率计算公式如下：

$$资金利润率＝利润净额/平均资金总额×100％$$
$$＝资金周转率×销售利润率$$

由于资金利润率是综合性指标，它包括销售、资金、利润多重关系。因此，一般常用这一比率来衡量酒吧的经营活动，也可用它来考核收益性能。它为酒吧指明了提高收益性能的两个途径：一是提高销售利润率，二是提高资金周转率。

（二）酒吧经营成长性评估

稳定性较好的酒吧，应进一步谋求销售增长。营业持续成长的酒吧才有生命力，反映成长性的指标，主要有销售增长率和利润增长率。

1.销售增长率

把销售额逐年或逐月加以比较，可以反映销售的增长比率，通过增长率来分析成长率。销售增长率的公式如下：

$$销售增长率＝（本期商品纯销售额－上年同期商品纯销售额）/上年商品纯销售额×100％$$

本期商品纯销售额比上年同期或近几年同期增长率更高的，说明其成长性较好；反之，不是增长而是下降，呈现衰退的趋势时，就必须及时采取措施。

2.利润增长率

把利润净额逐年比较，可以反映利润的增长比率。利润的增长，同样标志着酒吧的成长性。例如，本期利润比上年同期或比近几年同期有所增长，说明有成长性；反之，则为衰退。发现衰退趋势，就必须分析原因，积极采取有效措施，改变这种趋势。

利润增长率的公式如下：

$$利润增长率＝（本期利润净额－上年同期利润净额）/上年同期利润净额×100％$$

只有当销售增长率和利润增长率两项都是增长的（同步增长），才能判定为成长型；如果两项都是下降的（同步下降），就是衰退型。如果一增一降，则应做具体分析。成长型酒吧应争取进一步发展；衰退型酒吧应引起重视，快速研究改善的对策，否则企业将濒临破产。

（三）损益状况的比率分析

对损益状况的比率分析，主要目的是判断酒吧纯损益实际情况或营业外损益核算中是否存在"水分"提供评估线索。分析的途径是对损益额与损益形成过程中的各项目之间的关系进行比较。通常以损益额占全部经营收入、全部经营支出、销售收入、销售成本、流通费用的比率变化来发现问题。

1. 收入损益率占销售损益率之比变化评估

由于酒吧全部经营收入等于销售收入、附营业务收入和营业外收入之和，所以收入销售损益率之比其实质是销售收入与全部经营收入之比。即

$$收入损益率/销售损益率＝销售收入/全部经营收入$$

实际上，收入损益率与销售损益率之比的另一方面是附营业务收入和营业外收入等与全部经营收入之比。其公式如下：

$$1－销售收入/全部经营收入＝1－（附营业务收入＋营业外收入＋其他项目收入）/全部经营收入$$

因此，在全部支出不变的情况下，经营较正常的企业，收入稳定，附营业务收入和营业外收入等不会出现大的变化。如果这个比率大幅度上升，则有可能是销售收入异常增加所致，这时应重点分析销售实现的合理性；如果这个比率突然大幅度下降，则有可能是附营业务收入和营业外收入等异常增加所致，这时应重点分析附营业务收入和营业外收入等实现的合理性。

2. 支出损益率与成本损益率的比率变化评估

由于酒吧全部经营支出等于销售成本、销售税、流通费用、附营业务支出、营业外支出和其他支出之和，所以支出损益率和成本损益率之比其实质是销售成本与全部经营支出之比。即

$$支出损益率/成本损益率＝销售成本/全部经营支出$$

实际上，支出损益率与成本损益率之比的另一方面是流通费用、销售税金、附营业务支出和营业外支出等与全部经营支出之比。其公式如下：

$$1－销售成本/全部经营支出＝1－（流通费用＋销售税金＋附营业务支出＋营业外支出＋其他支出）/全部经营支出$$

因此，在全部收入项目不变的情况下，经营较正常的酒吧，支出损益率占成本损益率及占其他几项支出损益率的比率也不会出现大的波动。如果出现了大幅度的上下波动，则意味着成本和其他几项支出的变化不正常。一般说来，支出损益率占成本损益率的比率突然增加是流通费用、附营业务支出和营业外支出等不正常的表现，这时应重点检查这几项支出的合理性；反之，突然缩小说明流通费用、附营业务支出比重增大，是成本变化不正常的表现，这时应着重检查成本结构的合理性。

3. 支出损益率占费用损益率的比率变化评估

在全部收入项目不变的情况下，支出损益率占费用损益率及其他几项支出损益率的比率不会出现大的波动。如果出现大的波动，则意味着经营费用和其他几项支出的变化不正常。一般说来，支出损益率占费用损益率的比率突然增大，是销售成本、附营业务支出和营业外支出等项目的不正常表现，这时应重点检查这几项支出的合理性；反之，如果突然缩小，则说明销售成本、附营业务支出和营业外支出所占比重增大，是经营费用变化不正常的表现，这时应着重检查经营费用核算的合理性和真实性。

4. 相对指标的比率变化评估

相对指标的比率变化分析，主要包括销售损益率变化分析、成本损益变化分析和费用损益率变化分析三个方面。评估的方法是将各自的两个不同时期的量化指标进行比

较。这种比较从时间上来说,可以是月份比较、季度比较,也可以是年度比较;从基期的选择上来说,可以是前期也可以是同期,这要根据不同酒吧的特点确定的,但一定要注意可比性。比较时,通常看其是否有大起大落的变动或超过规律性波动的变化,目的是判断酒吧损益形成过程是否合理、真实。

四、每座收益指标在酒吧收益管理中的运用

(一)每座收益指标

收益管理作为一种强大的工具能更好地控制整个销售流程,更好地管理日常顾客上座情况和预订情况,对于酒吧来说,通过使用每座收益指标,可以有效促进酒吧销售达到最大化。

由于酒吧所提供的产品具有时间性的特点,表现为一张桌子或一张椅子被提供使用的时间。如果酒吧的桌椅在一段时间内没有被使用,就意味着它在这一时间段内没有价值和使用价值,酒吧也失去了在这个时间段获得收益的机会。因此,根据酒吧经营产品的时效性,酒吧每座收益指标的公式如下:

$$每座收益指标 = 上座率 × 平均消费额$$
$$= 某时段内的收入(或利润) ÷ (座位数 × 消费时间)$$

酒吧应注重每座收益指标的原因在于"每座收益指标"关注的是酒吧运营流程和收益预估算,"每座收益指标"与传统关注质量服务控制和降低人力和饮食成本相比,更能精确地反映每一项工作绩效下的收益,同时还能指导酒吧如何有效地使用可利用的座位空间。

(二)每座收益指标在酒吧管理中的应用分析

从每座收益指标的计算公式可以看出,它使用"某时段内的收入""上座率""平均消费额"都是已经或正在发生的数据。不同于酒吧收益率的是,每座收益指标是一个平均值,反映的是实际某时段收入平均到全部可用的座位上的金额。

每座收益指标的科学性还可从上座率、平均消费价格的对比中来认识。上座率是酒吧销售业绩的主要指标之一,也是酒吧利用餐座设备的一项关键指标,其计算公式如下:

$$上座率 = 已上座的座位数 ÷ 酒吧可用的所有座位数$$

表 12-16　A、B 两酒吧每座收益指标比较

酒吧	座位数/个	上座率/(%)	平均消费额度/元	收入/元	每座收益/元	收益率/(%)
A	200	80	60	9600	48	60
B	200	70	80	11200	56	70

从表 12-16 可以看出,虽然酒吧 A 的上座率比酒吧 B 的上座率高出 10%,但每座收益却不如酒吧 B 高。如果仅用上座率来评估业绩,忽略收益率和每座收益,这样的评估结果是不全面的。

平均消费额度也是衡量酒吧经营质量的一个重要指标,计算公式如下:

$$平均消费额度＝每时营业收入/上座数$$

从表 12-17 可以看出,虽然酒吧 A 的平均消费额度比酒吧 B 的平均消费额度高出 30 元,但酒吧 A 的收入与每座收益均低于酒吧 B,收益率和每座收益合理地反映了酒吧的经营质量,如果单用平均消费额度作为考核业绩指标,那么会得到相反的结果。

表 12-17　A、B 两酒吧每座收益比较

酒吧	座位数/个	上座率/(%)	平均消费额度/元	收入/元	每座收益/元	收益率/(%)
A	200	40	120	9600	48	40
B	200	70	90	12600	63	53

从以上两个例子可以看出,单一用上座率或平均消费额度来衡量酒吧经营效益都是不全面的。在计算每座收益的公式中,两个因子都影响着乘积的结果。如果一个酒吧只看重上座率指标,错误地认为,上座率高就是人气旺,效益就好,则完全忽视了平均消费额度的作用,平均消费额度会受到影响;或者一味追求提高平均消费额度,在市场供求关系没有大变化的情况下,上座率也肯定会受到影响。收益管理的目标值是建立在"用门市价格售出全部座位"的假定上,实际运营当中实现目标价值是不现实的。即使同时提高上座率和平均消费额度,也需要对市场有敏锐的认识。但总体来说,每座收益作为管理工具,有助于酒吧取得最多的经营效益。

(三)每座收益在收益管理中的运用

结合酒吧的实际情况,一般常用的收益管理方法是时间管理,每座收益的优点是能够对时间管理所产生的绩效综合进行评估。

顾客停留时间通常用顾客实际占用一张桌子的小时数来衡量,也就是顾客占用餐位的时间。在酒吧需求高峰期,许多小型酒吧都会面临这样的困境:由于酒吧的接待能力有限,出现顾客等候的现象,有些顾客则会放弃等待,转向其他的酒吧。面对这种现象,酒吧可以通过对顾客停留时间进行管理来提高座位的周转率。酒吧管理者应该意识到,酒吧所提供的产品具有时间性,即销售的不仅仅是酒吧产品,还有时间。因此,酒吧应对时间进行有效的管理,尽量缩短顾客的停留时间,提高酒吧的翻台率,从而增加需求高峰期的营业收入。

每座收益作为一个销售指标,明显比收益率更能体现衡量投资回收的能力。收益率把目标设定为 100%,反映的是实际收入占目标的百分比;而每座收益直接反映的是每座平均收入的值。

另外使用每座收益对酒吧进行横向比较,可以促使酒吧正确做好细分市场和战略定位。在同档次之间、本地域平均水平之间、与自己竞争条件相当的酒吧之间,用每座收益相比较,能够寻找到自己的差距和不足,更加合理地确定自己酒吧消费市场的目标客户群,确立自己的优势,预测市场的需求,检测自己的经营能力。

最后将每座收益与酒吧的经营预算相比较,可以及时纠正偏差。酒吧在经营和管理的各个环节上可根据差距制定改进措施,以修正目标,保证完成经营预算。

总之,提高每座收益的直观效果是酒吧收入的增加,这也是酒吧经营者追求利润的基础。如果经营者能将每座收益的效用发挥得恰如其分,把每座收益作为重要的经营指标和投资回报指标去考核,那么酒吧的收益一定能够稳步提升。

知识链接
▼

酒吧成本
管理中应
特别注意
的问题

任务四　酒吧质量管理

在酒吧经营过程中,质量是酒吧的生命,因为酒吧管理人员的任务是控制产品的质量,为顾客提供最优的产品。而产品质量控制包括从原料的采购到出品及顾客反馈后的改善,如果这一系列的流程能够保证酒吧的出品质量,则将为顾客提供最优的产品提供保证。

一、酒吧产品质量控制方法

酒吧经营过程中质量控制的方法有标准控制法、岗位职责控制法和重点控制法。

(一)标准控制法

标准控制法是指为酒吧提供原料的采购、生产制作流程和方法以及最终的出品制定严格的质量标准规范,要求相关操作人员完全按照标准来执行的控制方法。质量标准是质量监控的依据,只有建立完善的质量标准,才能更好地控制质量偏差和进行质量管理。

从原料的采购到出品,酒吧应该制定的标准主要有:

1. 采购规格标准

酒吧原料的质量是影响吧台饮料出品质量的关键因素,酒吧要制定严格的原料采购规格,对酒吧主要原料的采购质量做出明确的规定。

2. 生产制作标准

生产制作标准包括酒品主配料成分、制作流程以及对温度的要求等。操作人员按照标准制作,简单易行,而且可以避免人为因素的影响,保证出品质量的统一。

3. 出品标准

对酒水饮料的最终出品制定质量标准,即对酒水饮料质量的构成要素,如温度、色泽、口味、分量、装饰等做出明确而具体的规定。

(二)岗位职责控制法

岗位职责控制法是指通过明确岗位分工,强化岗位职能,并施以检查督导,来达到控制酒吧出品和服务质量的目的。

酒吧运营要达到一定的标准要求,各项工作就必须全面分工、落实,这是岗位职责控制法的前提。只有所有工作明确划分、合理安排,才能保证酒吧运营顺利进行,各环节的质量才有人负责,检查和改进工作也才有可能顺利进行。

(三)重点控制法

重点控制法,是针对酒吧运营中的某个时期、某些阶段或环节质量或秩序相对较差的情况,或对重点顾客、重要任务,以及重大酒吧活动而进行的更加详细、全面、专注的督导管理,以及时提高和保证某一些方面、某一活动的质量的一种方法。

二、酒吧出品质量控制

酒吧出品质量控制就是酒吧加强对原料的采购、库存、制作到出品的每一阶段的质量检查控制,从而保证酒吧经营全过程的质量安全可靠。

(一)把好产品设计关

酒吧质量控制的第一项工作就是要把好产品设计关。可以说,如果产品设计质量不高,即使后续工作非常努力,也制作不出高品的饮品。产品设计阶段质量控制的关键在于保证饮品能够满足顾客的需求,受到顾客的欢迎。为确保饮品设计质量,在日常酒吧经营过程中要做好以下两个方面的工作:

1. 确定产品质量要求

在研发新的饮品之前,要分析顾客最满意的产品的规格和标准,了解酒水饮料发展趋势以及竞争对手的产品状况,摸清顾客的需求,并提出合理的新产品设计方案,以尽量避免新产品推广中的盲目性。

2. 饮品测试

试制新饮品,并邀请顾客免费品尝,给出意见,以作为改进的依据;或者进行新饮品的试销和推广,了解饮品销售状况,采取相应的调整措施。经过消费者的评估,最终确定标准饮品单,确保产品质量过关。标准饮品单是饮品质量控制的标准。

(二)生产制作控制

酒吧经营过程中,对酒吧产品制作过程实行质量控制,这是酒吧质量管理的中心环节,其任务在于保证形成一个能生产优质品的生产管理系统,这一系统包括工作人员、设备设施、原料、制作方法、检查手段与方法等生产要素。生产制作控制的内容主要包括控制原料的领取、控制饮品生产、控制饮品出品、控制生产环境等几个方面。

(三)出品控制

酒吧经营过程中出品阶段控制是指调酒师或管理者对制作完的饮品进行检查,查看饮品的温度、颜色、外观、装饰等,不合格的产品不能出吧台。

酒吧出品质量控制除以上环节的流程控制外,还包括饮品售后的质量调查。吧台饮品销售后,要对顾客的反映进行详细的记录,征求顾客的意见,分析饮品不受顾客欢迎的原因,以改进产品质量。

教学互动

　　大数据的用途非常多,针对酒吧经营管理,大数据可以在产品的优化、质量的检测、客户关系的维护、收益管理等很多方面发挥作用。师生共同讨论如何利用大数据来提高酒吧质量控制与收益管理的能力。

项目小结

　　本项目重点介绍了酒吧运营管理中酒水销售的方式和酒吧标准化操作管理的内容,详细阐述了酒吧成本管理和收益管理的内容和方法以及酒吧质量管理的方法,通过这些内容的学习,旨在使学生能够对酒吧经营管理的核心内容有全面的认知。

项目训练

一、知识训练

1. 酒水销售方式与控制方法。

2. 酒水标准化管理的内容。

3. 酒吧成本管理的内容和方法。

4. 酒吧收益管理的基本方法。

5. 酒吧质量管理的内容和方法。

二、能力训练

1. 去酒店实地考察酒吧运营管理情况,了解酒吧成本控制的方法。

2. 根据酒吧实际情况进行酒吧经营成本收益分析、保本分析和经营收益成果评估。

3. 某酒吧当月总计酒水成本为 15505 元,当月酒水的总营业额为 78980 元,酒吧规定成本率为 20%,分析酒水成本控制是否合乎标准。

参考文献

References

[1] 匡家庆,汪京强.酒水知识与酒吧管理[M].北京:中国旅游出版社,2017.

[2] 吴慧颖,刘荣.酒水调制与酒水服务[M].2版.上海:上海交通大学出版社,2015.

[3] 王祖莉,马健,计晓燕.酒水调制与职场管理——理论、实务、案例、实训[M].大连:东北财经大学出版社,2011.

[4] 费寅,韦玉芳.酒水知识与调酒技术[M].北京:机械工业出版社,2010.

[5] 蔡洪胜.酒水知识与酒吧管理[M].北京:清华大学出版社,2020.

[6] 何立萍,卢正茂.酒吧服务与管理[M].3版.北京:中国人民大学出版社,2021.

[7] 王立进.调酒技艺[M].北京:中国旅游出版社,2021.

[8] 王勇.酒水知识与调酒[M].2版.武汉:华中科技大学出版社,2021.

[9] 张海玲,易红燕,王高社.酒水知识与调酒技能[M].长沙:湖南大学出版社,2017.

[10] 牟昆,李鑫,李明宇.酒水服务与酒吧管理[M].2版.北京:清华大学出版社,2014.

[11] 殷开明,王建芹.新编酒水服务与酒吧管理[M].南京:南京大学出版社,2013.

[12] 姜文宏,龙凡,孙洪波.酒吧服务[M].2版.北京:高等教育出版社,2015.

[13] 鲍洪杰,张平.酒吧运营管理[M].北京:经济管理出版社,2015.

特别声明:本书在编著过程中使用了部分图片,在此向这些图片的版权所有者表示诚挚的谢意! 由于客观原因,我们无法联系到您。如您能与我们取得联系,我们将在第一时间更正错误和疏漏。

教学支持说明

为了改善教学效果,提高教材的使用效率,满足高校授课教师的教学需求,本套教材备有与纸质教材配套的教学课件(PPT 电子教案)和拓展资源(案例库、习题库、视频等)。

为保证本教学课件及相关教学资料仅为教材使用者所得,我们将向使用本套教材的高校授课教师和学生免费赠送教学课件或者相关教学资料,烦请授课教师和学生通过邮件或加入酒店专家俱乐部 QQ 群等方式与我们联系,获取"教学课件资源申请表"文档并认真准确填写后发给我们,我们的联系方式如下:

E-mail:lyzjjlb@163.com

酒店专家俱乐部 QQ 群号:710568959

酒店专家俱乐部 QQ 群二维码:

群名称:酒店专家俱乐部
群　号:710568959

教学课件资源申请表

填表时间：_____年____月____日

1. 以下内容请教师按实际情况写，★为必填项。
2. 学生根据个人情况如实填写，相关内容可以酌情调整提交。

★姓名		★性别	□男 □女	出生年月		★ 职务	
						★ 职称	□教授 □副教授 □讲师 □助教
★学校				★院/系			
★教研室				★专业			
★办公电话		家庭电话				★移动电话	
★E-mail （请填写清晰）						★QQ 号/微信号	
★联系地址						★邮编	

★现在主授课程情况		学生人数	教材所属出版社	教材满意度		
课程一				□满意	□一般	□不满意
课程二				□满意	□一般	□不满意
课程三				□满意	□一般	□不满意
其 他				□满意	□一般	□不满意

教 材 出 版 信 息					
方向一		□准备写	□写作中	□已成稿	□已出版待修订　□有讲义
方向二		□准备写	□写作中	□已成稿	□已出版待修订　□有讲义
方向三		□准备写	□写作中	□已成稿	□已出版待修订　□有讲义

　　请教师认真填写表格下列内容，提供索取课件配套教材的相关信息，我社根据每位教师/学生填表信息的完整性、授课情况与索取课件的相关性，以及教材使用的情况赠送教材的配套课件及相关教学资源。

ISBN（书号）	书名	作者	索取课件简要说明	学生人数 （如选作教材）
			□教学　□参考	
			□教学　□参考	

★您对与课件配套的纸质教材的意见和建议，希望提供哪些配套教学资源：